"十一五"国家重点图书出版规划项目

数学文化小丛书

李大潜　主编

# 几何学在文明中所扮演的角色

## ——纪念陈省身先生的辉煌几何人生

项武义

高等教育出版社·北京

## 图书在版编目（CIP）数据

几何学在文明中所扮演的角色：纪念陈省身先生的
辉煌几何人生 / 项武义. —北京：高等教育出版
社，2009.1（2024.1重印）

（数学文化小丛书 / 李大潜主编）

ISBN 978-7-04-024837-1

Ⅰ．几… Ⅱ．项… Ⅲ．几何学—普及读物 Ⅳ．O18-49

中国版本图书馆 CIP 数据核字（2008）第 195911 号

项目策划　李艳馥　李　蕊

| | | | | |
|---|---|---|---|---|
| 策划编辑 | 李　蕊 | 责任编辑　崔梅萍 | 封面设计 | 张　楠 |
| 责任绘图 | 杜晓丹 | 版式设计　王艳红 | 责任校对 | 张　颖 |
| 责任印制 | 田　甜 | | | |

| | | | |
|---|---|---|---|
| 出版发行 | 高等教育出版社 | 咨询电话 | 400-810-0598 |
| 社　　址 | 北京市西城区德外大街4号 | 网　　址 | http://www.hep.edu.cn |
| 邮政编码 | 100120 | | http://www.hep.com.cn |
| 印　　刷 | 中煤（北京）印务有限公司 | 网上订购 | http://www.landraco.com |
| 开　　本 | 787×960 1/32 | | http://www.landraco.com.cn |
| 印　　张 | 3.375 | 版　　次 | 2009年1月第1版 |
| 字　　数 | 60 000 | 印　　次 | 2024年1月第17次印刷 |
| 购书热线 | 010-58581118 | 定　　价 | 10.00 元 |

本书如有缺页、倒页、脱页等质量问题，请到所购图书销售部门联系
调换。

# 数学文化小丛书编委会

# 数学文化小丛书总序

 整个数学的发展史是和人类物质文明和精神文明的发展史交融在一起的。数学不仅是一种精确的语言和工具、一门博大精深并应用广泛的科学，而且更是一种先进的文化。它在人类文明的进程中一直起着积极的推动作用，是人类文明的一个重要支柱。

 要学好数学，不等于拼命做习题、背公式，而是要着重领会数学的思想方法和精神实质，了解数学在人类文明发展中所起的关键作用，自觉地接受数学文化的熏陶。只有这样，才能从根本上体现素质教育的要求，并为全民族思想文化素质的提高夯实基础。

 鉴于目前充分认识到这一点的人还不多，更远未引起各方面足够的重视，很有必要在较大的范围内大力进行宣传、引导工作。本丛书正是在这样的背景下，本着弘扬和普及数学文化的宗旨而编辑出版的。

 为了使包括中学生在内的广大读者都能有所收益，本丛书将着力精选那些对人类文明的发展起过重要作用、在深化人类对世界的认识或推动人类对世界的改造方面有某种里程碑意义的主题，由学有专长的学者执笔，抓住主要的线索和本质的内容，由浅入深并简明生动地向读者介绍数学文化的丰富内涵、数学文化史诗中一些重要的篇章以及古今中外一些著名数学家的优秀品质及历史功绩等内容。每个专题篇幅不长，并相对独立，以易于阅读、便于携带且尽可能降低书价为原则，有的专题单独成册，有些专题则联合成册。

希望广大读者能通过阅读这套丛书，走近数学、品味数学和理解数学，充分感受数学文化的魅力和作用，进一步打开视野，启迪心智，在今后的学习与工作中取得更出色的成绩。

李大潜

2005 年 12 月

# 目　　录

# 一、几何学在古文明中所扮演的角色

　　人生几何,是曹孟德对于人生苦短的感叹,而几何人生,则是陈省身先生的人生之概括. 他毕生致力于几何学的教研工作, 承前启后, 继往开来, 博大精深, 功业永在, 乃是一个辉煌的几何人生!

　　若要解说 "几何人生" 的真实意义何在, 自然就得从 "几何学在文明中所扮演的角色" 探求之, 也唯有如此, 才能充分体现其中的真谛. 有鉴于此, 今天就以此为题, 和大家一起来纪念陈省身先生的辉煌几何人生. 但是此题太大, 纵贯整个文明历程, 实乃无比广泛深远, 今天限于时间, 只能长话短说, 简述其梗概之一二.

　　假如将世界上诸多古文明所知的几何认知作一比较分析, 就会发现可以把它们大体上归为两类, 即有圆文明和无圆文明. 如古中国文明、古希腊文明等属于前者, 而玛雅 (Maya) 文明、印加 (Inca) 文明等属于后者. 前者发明了轮子的诸多妙用, 在建筑上使用拱门, 由此逐步走上工业化而昌盛至今. 后者则始终没有发明轮子或拱门而终归寂灭, 到如今仅仅留下残墟断壁, 令人感叹、神伤. 如今反思, 为什么古文明之 "有圆"、"无圆" 在他们的盛、衰上会有如此天壤之别呢? 此事决非偶然、巧合. 其实, 从上述密切相关的探究中, 自然地让我们认识到几何在古文明中所扮演的角色.

人类和宇宙间所有事物共存于其中的空间, 它具有极为精简完美的本质. 大体上来说, 空间本质之精要可以归结为下述四点:

(1) 点、线、面的联结与分隔 (空间的基本结构).

(2) 对称性: 空间对于给定平面的反射对称, 对于给定轴线的旋转对称等.

(3) 平直性: 三角形内角和恒为一平角, 矩形的存在等.

(4) 连续性: 其最为精简的表现, 就是直线是连续不断的, 但是一剪就断, 亦即直线上一点两侧之两段.

其实, 轮子的发明开拓了善用空间的旋转对称性在运输、制陶、纺车、水车、磨坊等方面的诸多应用, 乃是工业生产的重要起步. 如今反思其理, 我们可以对此作如下之理解: 空间精简完美之本质, 实乃宇宙中各种各样结构与现象的精简原理之基础, 也是生存于其中万物的无上福份. 在中文里关于 "福" 有下述四个主要的概念, 即有福, 知福, 造福和惜福. 空间精简完美之福, 万物皆共享有之, 唯独人类具有超群的脑力, 而且发明了文字, 可以世代相承, 精益求精地对于空间之美妙本质下知福的工夫 (这就是几何). 显然, 唯有知福才能造福, 例如有圆文明知空间对称之福, 才能发明轮子来造福. 广而言之, 基础科学实乃 "知大自然精简美妙之福" 者也! 而现代科

技则是由上述 "知福" 进而 "造福" 是也. 那么 "惜福" 在此应作何解呢? 有鉴于盲目或短视的 "造福", 其结果可能是祸非福! 例如核物理知识可以有各种和平用途, 但也可以用来制造巨大破坏力的核武器. 总之, 在科技日益昌盛的现代, 全人类都应该致力于环保, 要把 "和大自然和谐共存" 世代相传, 永记在心. 我想这应该就是中华文化中 "惜福" 这个概念的现代化和重要性.

# 二、中国和希腊古文明的 定量平面几何

## 中国古算中的几何公式

先介绍一下中国古代所认知的定量平面几何, 相信其创造者和使用者乃是中国古代的工匠和工程师 (特别是水利工程师). 其要点在于矩形、三角形的面积公式 (矩形面积 = 长×宽, 三角形面积 = 底×高之半) 和善用这些面积公式简洁地推导勾股弦和出入相补比例式.

**勾股弦公式**

由下面图 1 所示的两种分割, 易见

$$a^2 + b^2 + 2ab = c^2 + 4\left(\frac{1}{2}ab\right)$$

$$\Rightarrow a^2 + b^2 = c^2$$

(勾方加股方等于弦方)

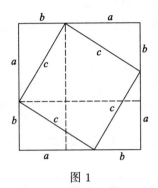

图 1

## 出入相补与相似直角三角形边长比例式

如图 2 所示, 比例式很可能起始于下述测量树高的图解, 其想法也是用面积等式推导之.

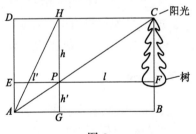

图 2

$$\triangle ABC \cong \triangle CDA, \triangle AGP \cong \triangle PEA,$$

$$\triangle PFC \cong \triangle CHP \Rightarrow h'l = hl' \Rightarrow \frac{h + h'}{h'} = \frac{l + l'}{l'},$$

即直角三角形 $\triangle AGP$ 和 $\triangle ABC$ 的相应直角边的边长比例式.

在中国古算中几乎只讨论直角三角形, 而鲜见对于任意三角形的研讨. 这也许是因为在工程建筑上垂直和水平乃是自然而且常用的缘故. 其实, 一个任意三角形皆可分割成两个直角三角形, 所以将上述勾股弦和相似比公式相结合, 即可推导出任意相似三角形的比例式. 由此可见, 面积公式、勾股弦公式和出入相补其实业已组成一组完备的定量平面几何的基本公式.

# 希腊定量平面几何

古希腊文明在继承古埃及文明和古巴比伦文明的基础上更上一层楼, 得到蓬勃发展, 其在几何学与天文学上的成就, 尤为卓著, 可谓是现代科学的奠基者与开拓者, 是理性文明中的伟大篇章. 它乃是集古希腊的精英, 世代相承, 历经数百年精益求精, 研究创造而取得的成就. 在此仅仅将当年在平面定量几何基础论上, 几经转折, 历尽艰辛的进化历程概述其要.

## 定量几何基础论

直线段的长度乃是各种各样几何量之中最为简单的基本量, 其他的几何量如角度、面积、体积、两面角、立体角等, 均从属于长度(如面积公式、体积公式、S.S.S. 判别定理等). 由此可见长度的度量是定量几何中最为基本的概念和根基. 古希腊定量几何基础论的基点和起点就是直线段长度度量的界定.

设两个直线段 $a, b$ 分别由等分成 $m$ 段和 $n$ 段等长的直线段连接而成，亦即 $a = m \cdot c$ 和 $b = n \cdot c$，则 $a, b$ 的长度之比显然应该定义为分数 $\dfrac{m}{n}$，通常以 $a : b = \dfrac{m}{n}$ 记之. 古希腊几何学家把这种情形叫做可公度 (commensurable). 不但如此，而且他们当初还认为任何两个直线段总是可公度的，即任何两个线段的"长度之比"总是一个分数. 总之，古希腊几何基础论的头号公理乃是："可公度性对于任何两个直线段皆普遍成立"，然后对面积公式、毕氏定理 (勾股定理) 及相似三角形定理等再给以严格论证. 毕氏学派对此贡献良多，全希腊都引以为自豪.

### 不可公度性的发现(Hippasus, 公元前5世纪)

Hippasus 是毕氏的门徒，他一直在锲而不舍地探索和研究可不可公度的问题. 话说当年，在大师百年之后不久，他在沙盘上用芦苇杆对正五边形的几何性质作分析时，发现了一个令他惊恐莫名的事实，那就是一个正五边形的对角线长和边长是不可公度的! Hippasus 这个石破天惊的发现起始于下面所示的简单分析 (图 3):

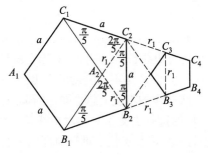

图 3

$$\overline{C_1B_2} = \overline{B_1C_2} = b, \overline{A_2B_2} = \overline{A_2C_2} = b - a.$$

他用当年熟知的 "三角形内角和恒为一个平角" 和 "等腰三角形定理与逆定理" 得到正五边形的内角皆为 $\frac{3\pi}{5}$, 所以等腰三角形 $\triangle B_1C_2B_2$ 和 $\triangle C_1B_2C_2$ 的两底角皆为 $\frac{\pi}{5}$. 此外 $\triangle A_2C_2C_1$ 的两底角皆为 $\frac{2\pi}{5}$, 而 $\triangle B_2C_2A_2$ 的两底角皆为 $\frac{\pi}{5}$. 对此, Hippasus 早已熟知能详, 觉得不足为奇, 但是那天他突发异想, 把 $B_1B_2$ 和 $C_1C_2$ 如图所示分别延长至 $B_3$ 和 $C_3$ 使 $\overline{B_2B_3}$ 和 $\overline{C_2C_3}$ 的长度等于 $\triangle B_2C_2A_2$ 的两腰的长度 $r_1(=b-a)$. 他注意到 $A_2B_2B_3C_3C_2$ 乃是一个对角线长为 $a$ 的正五边形, 而其边长 $r_1$ 乃是原先那个正五边形的对角线长和边长之差. 此事立刻令他惊恐莫状! 为什么呢? 因为他早已熟知用辗转丈量法去求两个可公度的线段 $a,b$ 的最长公尺度 (一如用辗转相除去求两个整数 $m,n$ 的最大公约数. 其实, 如今通称为 Euclid 算法的 "出处" 乃是前者, 所以理当把它作一 "正名", 应该称之为 Hippasus 算法). 由上述分析, Hippasus 认识到一个正五边形的边长 $a$ 和其对角线长 $b$, 它们的辗转丈量是永无休止的! 所以, 它们乃是不可公度的. 因为它们的辗转丈量, 每次所作的本质上总是同一回事, 亦即以一个正五边形的边长去丈量它的对角线长. 此事焉不让他震撼惊慌! 它事实胜于雄辩地证明了当年几何基础论的头号公理根本是不对的! 这个石破天惊的发现简直是"几何巨震"(geoquake), 把当年引以自豪的几何基础论震撼得摇摇欲坠. (据现已无从考证的传说, Hippasus 本人还因为这个伟大的发现而丧命于他的同门之手.)

**Eudoxus 逼近法与几何基础论之重建**

Hippasus 的伟大发现, 乃是理性文明的重要里程碑, 它犹如发现了一个理念上的新大陆, 这也是人类文明第一次触及了空间连续性这个重要本质. 其实, 不可公度性的存在, 并非全面否定了当年几何基础论的成就, 它只是说明原先以为已经完备无缺的证明, 其实只是对于可公度的特殊情形的证明, 而在一般的不可公度的情形, 则尚待补证! 这个亟待补证的任务, 对于当时整个古希腊几何学界来说乃是一个极其严峻的挑战!

希腊几何学界大约经历了半个多世纪的努力奋斗, 才促使 Eudoxus (公元前 4 世纪) 开创了影响无比广阔、深远的逼近原理和逼近法, 他的牛刀小试就完美地达成了几何基础论的重建大业. 如今回顾, Eudoxus 的思想和方法, 提供了研究和理解 Hippasus 所发现的"连续世界"的康庄大道, 而且它也奠定了近代分析学的基础. 其简朴精到的想法, 广阔深远的应用, 至今还在蓬勃进展. Eudoxus 的丰功伟业, 令人高山仰止, 赞赏心仪, 我等后学, 岂能不对于这位古代大师的教导, 多下工夫, 学而时习之, 习而常思之! 这里简述其基本认识和思想如下:

(1) 当线段 $\{a,b\}$ 不可公度时, "比值" $a:b$ 并不是熟知的那种分数, 其实它乃是一种 "有待理解者". 例如 $\triangle ABC$ 和 $\triangle A'B'C'$ 是一对内角对应相等的相似三角形, 考虑它们的三对对应边长 $\{a,a'\}$, $\{b,b'\}$ 和 $\{c,c'\}$ 的比值, 在其中有一对是可公度的情形, 已证明其余两对也必然可公度, 而且它们的比值相同 (这就是当年认为业已 "普遍" 得证的相似三角形定理). Eudoxus 首先认识到, 在两个相似三角形的三对对应边皆为不可公度的情形, 首先需要对于两对不可公度的比值 $a:b$ 和 $c:d$ 之间的大小或者相等关系妥加定义, 才能进而完成上述基本定理的补证. 为此, 当然要对这种新发现的 "比值" 先下一番返璞归真、实事求是的认知工夫!

(2) Eudoxus 比较原则

当线段 $\{a,b\}$ 不可公度时, 其比值不再是一个分数! 但是 $a:b$ 和任给分数 $\dfrac{m}{n}$ 的大小关系则理当如下定义之, 即

$$a:b\begin{cases}>\dfrac{m}{n}\\[2mm]<\dfrac{m}{n}\end{cases}\Leftrightarrow\begin{cases}a比\dfrac{m}{n}b长\\[2mm]a比\dfrac{m}{n}b短\end{cases}\Leftrightarrow\begin{cases}na>mb\\[1mm]na<mb\end{cases}$$

而且若有分数 $\dfrac{m}{n}$ 介于 $a:b$ 和 $c:d$ 之间, 即

$$\begin{cases}a:b>\dfrac{m}{n}>c:d\\[2mm]或\ a:b<\dfrac{m}{n}<c:d\end{cases}\quad 则显然有\begin{cases}a:b>c:d\\[2mm]或\ a:b<c:d\end{cases}$$

反之, 假如这种介于 $a:b$ 和 $c:d$ 之间的分数根本不存在, 则理所当然定义 $a:b$ 和 $c:d$ 相等. 为了论

证上述定义的合理性和必然性, Eudoxus 开创了下述影响无比深远的逼近法.

(3) 逼近法和逼近定理

首先, 他提出了下述直观上明确的原理作为其论证依据, 而它如今却被误称为 Archimedes 公理.

**Eudoxus 原理**　任给两个线段 $a$ 和 $b$, 不论前者有多短, 后者有多长, 总有足够大的整数 $N$ 使得 $Na > b$.

用它易证下述逼近定理.

**Eudoxus 逼近定理**　设线段 $\{a, b\}$ 不可公度, 对于任给的正整数 $n$, 恒有整数 $m$, 使得

$$\frac{m}{n} < a : b < \frac{m+1}{n}$$

(亦即 $a : b$ 夹逼于一对相差仅为 $\frac{1}{n}$ 的分数之间).

**推论**　设 $a : b < c : d$, 则在 $\frac{1}{n}$ 比 "差额" $(c : d) - (a : b)$ 更小的情形, 就必然有一个分母为 $n$ 的分数介于其间.

**证明**　上式中的 $\frac{m+1}{n}$ 必然小于 $c : d$. 假若不然, 则有 $\frac{m}{n} < a : b$ 和 $c : d < \frac{m+1}{n}$, 从而 $a : b$ 和 $c : d$ 的差额小于 $\frac{1}{n}$.

(4) 用逼近法重建几何基础论

有了上述简朴深刻的认知, 即可顺理成章地把原先只是对可公度情形已经证明的基本公式如面积公式、勾股弦公式和相似比例式等都给以补证. 这也就是 Eudoxus 当年所达成的几何基础论全面重建的

伟大成就. 如今回顾, 有鉴于中国善用面积之古法, 其实只需要对于矩形面积公式给以补证, 则其余皆可用面积法再加以推导之. 在此给出矩形面积公式的证明.

令 $u$ 是取定的单位长, 以 $\square(a, b)$ 表示分别以 $a, b$ 为长、宽的矩形面积, 则所要证的矩形公式乃是

$$\square(a, b) : \square(u, u) = (a : u) \cdot (b : u)$$

在 $(a : u)$ 和 $(b : u)$ 都是分数的情形, 当年已用平行分割法给出了简明论证. 在此不妨设 $\{a, u\}$ 和 $\{b, u\}$ 都是不可公度的情形, 对于任给的正整数 $n$, 不论它有多大, 皆有 $m, m'$ 使得

$$\frac{m}{n} < a : u < \frac{m+1}{n}, \frac{m'}{n} < b : u < \frac{m'+1}{n}.$$

此外, 由图 4 易见

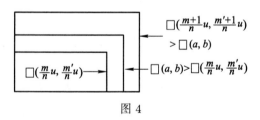

图 4

由上述两点可见, $(a : u) \cdot (b : u)$ 和 $\square(a, b) : \square(u, u)$ 两者都夹逼于 $\frac{mm'}{n^2}$ 和 $\frac{(m+1)(m'+1)}{n^2}$ 之间. 当 $n$ 无限增大时, 上述夹逼分数之差可以任意小, 所以两者必须相等.

上述简朴的逼近证法, 把原先只是在可公度情形业已得证的矩形面积公式给出了完备的论证. 再

用中国的面积古法, 即可推导出所有定量平面几何的基本定理与公式 (当年 Eudoxus 是直接个别论证之的).

有鉴于当年曾经采用错误的公设作为论证依据的惨痛教训, Eudoxus 在重建几何基础论之后, 还再接再厉, 尽其所能地把几何体系的论证依据精简压缩到 "至精至简", 这就是 "公理化几何学" 的先河. 流传至今的 Euclid 的《几何原本》, 其实绝大部分取之于 Eudoxus 的工作, 可惜其原著失传. 总之, 使得希腊几何学脱胎换骨, 臻于初步完善、成熟的伟大贡献应归功于 Eudoxus, 并非 Euclid.

如今回顾, Eudoxus 的逼近思想和方法, 实乃现代分析学的奠基者和发祥地. Eudoxus 本人就用它来证明锥体体积等于 "三分之一底面积乘高", 这是理性文明中的第一个积分公式, 是用积分法研讨高维几何的不二法门. 例如 Archimedes 师承其意, 把它拓展到了球面面积公式和球体体积公式.

# 中国和希腊平面几何的比较分析

两者在定量平面几何的基本公式上大体相当, 即矩形、三角形的面积公式, 勾股 (毕氏) 定理, 相似三角形边长比例式等, 但是在基调和格局上两者却截然不同. 总的来说, 中国古代的几何学家是工程师和木匠, 是唯用是尚的, 他们善用面积公式, 的确具有独到之处. 而古希腊的几何学家则是把几何学作为理解大自然本质的基础学科, 以研究天文学的基本工具为其志趣.

如今回顾反思, 在对于空间本质理解的深度上, 若将中国古算和希腊几何学相比, 的确是相去甚远! 究其原因, 并非是在聪明才智上有所差别, 而是在志趣和气概上有所分野. 例如可不可公度乃是一个纯理论性的问题, 它在实用的度量之中, 在力所能及的准确度之下的微量根本没有任何实用意义, 所以根本不会有此一问. 由此可见, 在唯用是尚的格局之下, 是不会问可不可公度的, 当然也就不可能有 Hippasus 这种深深触及空间连续性的发现和历经半个世纪奋斗才结晶而得的 Eudoxus 逼近论.

由此反思, 我们应该体会到, 真正局限中国古代发展的因素是: "唯用是尚, 则难见精深, 而所及不远矣!", 而古希腊在几何学上的成功给全人类的启示与鼓舞则是: "若以理解大自然为志趣, 并能世代相承, 精益求精, 则大自然的基本结构的至精至简、至善至美是可望可及的!"

# 三、几何学与天文学

自古以来, 几何学和天文学是密切关联, 携手并进的两门学科, 它们也是文明中最早得以蓬勃发展, 引人入胜的学科. 日、月转换的周期和满天星斗的夜空, 的确是一直吸引着先民们深思的自然现象. 东、西方古文明都注意到满天星斗之中, 有好几颗与众不同的星星, 其他星星之间的相对方位是固定不动的, 它们好象是固定在一个不断转动的 "天球" 上的 "恒星", 惟有这几颗明亮的 "行星" 不断地在天球上行走不定. 因此, 它们的 "行踪" 也就自然而然成为古天文学家致力研讨的主题, 但是它们各自有不同的运动周期和令人难解的游走轨迹. 这个千古之谜一直到 Kepler 发现行星三大定律才真相大白. 对于行星三大定律的数理分析又直接引导 Newton 发现了万有引力定律. 两者不但开创了天文学的新纪元, 也开拓了整个现代科学, 是文明史上开天辟地的里程碑.

## 圆锥曲线的故事

设 $l_1, l_2$ 是共面的两条直线, 在以 $l_1$ 为轴的旋转之下, $l_2$ 所经之点集在 $l_1 // l_2$ 时为一圆柱面 $Z$ (如图 5), 在 $l_1, l_2$ 相交于 $V$ 点时为一对以 $V$ 为顶点的

圆锥面 $\Gamma$ (如图 6).

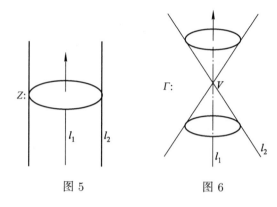

图 5　　　　　　图 6

设平面 $\pi$ 与 $l_1$ 相交于 $V$ 外一点, 则 $\Gamma$ (或 $Z$) 和 $\pi$ 相交的截线称为圆锥曲线, 即 $Z \cap \pi$ 或 $\Gamma \cap \pi$. 令 $\theta$ 为 $\pi$ 和 $l_1$ 之间的夹角, 在 $\theta = \dfrac{\pi}{2}$ 的情形, 上述截线乃是一个圆, 但是在 $\theta \neq \dfrac{\pi}{2}$ 时, 其截线不再是圆. 相信古希腊的几何学家首先是从圆柱面的情形发现这种 "椭圆" 具有下述令人惊喜、引人入胜的性质, 即 "一个椭圆具有两个焦点 $F_1, F_2$, 其上任给一点到两个焦点的距离之和恒为常量", 该性质的证明用到柱面 $Z$ 和平面 $\pi$ 的两个公切球 $\Sigma_1$ 和 $\Sigma_2$, 如图 7 所示.

令 $F_1$ 和 $F_2$ 分别是上下公切球 $\Sigma_1, \Sigma_2$ 和截面 $\pi$ 的切点, $P$ 是截线 $Z \cap \pi$ 上任给的一点, $\overline{PQ_1}, \overline{PQ_2}$ 是由 $P$ 点到 $\Sigma_1$ 和 $\Sigma_2$ 位于 $Z$ 之上的切线, 则有

$$\overline{PF_1} = \overline{PQ_1}, \overline{PF_2} = \overline{PQ_2} \text{ (切线长相等),}$$

$$\overline{PF_1} + \overline{PF_2} = \overline{Q_1Q_2} = 常数\ (柱面的旋转对称)$$

$$（在\ \theta = \frac{\pi}{2}\ 时，F_1\ 和\ F_2\ 相重，即为圆心）.$$

接着他们发现在 $\theta > \alpha(l_1\ 和\ l_2\ 的夹角)$ 的情形，上述简洁的证明可以直接推广到圆锥截线 $\Gamma \cap \pi$. 唯一不同的是两个公切球 $\Sigma_1$ 和 $\Sigma_2$ 不再是同样大小罢了. 但是在 $\theta = \alpha$ 和 $\theta < \alpha$ 这两种情形，圆锥截线显然不再是椭圆，由此又发现了另外两类曲线，即抛物线和双曲线. 而且，类似的证法也可以证明它们各自的几何特征，在中学解析几何中就运用这些特征来定义圆锥曲线.

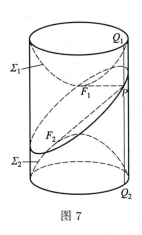

图 7

总之，上述发现令古希腊几何学家们大为鼓舞，而且热衷于这种和圆、球的对称性密切相关的"圆锥截线"的研究. 在这方面丰硕的成果，可以说是古希腊几何学所达到的最高点，在 Apollonius 所著的八册《圆锥曲线论》中集其大成.

圆锥曲线的研究自然而然地是后来兴起的解析几何学和射影几何学牛刀小试、温故知新的佳园. 如今回顾, 圆锥曲线其实就是圆在投影之下的变形, 所以当年所发现的各种各样的圆锥曲线的引人入胜的共性实际上乃为圆的射影性质. 圆锥曲线是几何学家们的爱好, 而它们的研究在几何学的发展中自然地扮演着启蒙者的角色. 及至 Kepler 行星三大定律的发现, 人们才知道它们也是大自然的"爱好"!

兹对 Kepler 行星三大定律叙述如下:

**第一定律** 行星绕太阳运行的轨道是一个椭圆, 而且以太阳为其焦点之一 (如图 8).

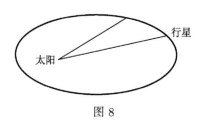

图 8

**第二定律** 在单位时间内, 行星和太阳的连线所扫过的面积是一个常数.

**第三定律** 在太阳系中各行星周期的平方与它轨道长轴的立方之间的比值皆相同.

Kepler 三定律是在 Tycho de Brahe 毕生夜以继夜地对行星方向观察数据的基础上, 历经数十年无比艰巨的几何分析取得的成果.

# 由 Kepler 定律到 Newton 万有引力定律

### Kepler 三大定律的数理分析

用力学三定律对 Kepler 三定律加以数理分析, 就可以发现行星和太阳之间, 具有一种和距离平方成反比的引力. 兹简述如下:

令 $a, b$ 为某一行星 (如地球, 火星等) 的椭圆轨道的长、短半轴, $T$ 为其周期, $\omega$ 为其角速度, 则有

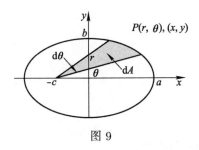

图 9

$$\frac{x^2}{a^2} + \frac{y^2}{b^2} = 1, \begin{cases} x = r\cos\theta - c, \\ y = r\sin\theta. \end{cases}$$

由第二定律得

$$\frac{\mathrm{d}A}{\mathrm{d}t} = \frac{1}{2}r^2\frac{\mathrm{d}\theta}{\mathrm{d}t} = \frac{1}{2}r^2\omega = 常数$$

$$\Rightarrow \pi ab = \int_0^T \mathrm{d}A = \frac{1}{2}r^2\omega T$$

$$\Rightarrow r^2\omega = \frac{2\pi ab}{T}.$$

又将 $x = r\cos\theta - c, y = r\sin\theta$ 代入 $\dfrac{x^2}{a^2} + \dfrac{y^2}{b^2} = 1$ 得

$$a^2 r^2 - (b^2 + cr\cos\theta)^2 = 0 \Rightarrow \frac{1}{r} = \frac{1}{b^2}(a - c\cos\theta).$$

对 $t$ 微分, 即得

$$-\frac{\mathrm{d}r}{\mathrm{d}t} = \frac{r^2}{b^2} c\sin\theta\,\omega = \frac{2\pi ac}{Tb}\sin\theta.$$

再对 $t$ 微分, 两边乘以 $r^2$ 得

$$r^2 \frac{\mathrm{d}^2 r}{\mathrm{d}t^2} = -\frac{2\pi ac}{Tb}\cos\theta\, r^2\omega$$
$$= -\frac{4\pi^2 a^2}{T^2} c\cos\theta,$$

$$r^2\left(-\frac{\mathrm{d}^2 r}{\mathrm{d}t^2} + r\omega^2\right) = \frac{4\pi^2 a^2}{T^2} c\cos\theta + \frac{1}{r}\left(\frac{2\pi ab}{T}\right)^2$$
$$= \frac{4\pi^2 a^3}{T^2}.$$

## 球对称与引力公式

在上述对于太阳和一个行星之间的引力所作的数理分析中, 其实我们乃是把偌大的太阳和行星都当作 "质点" 来处理的. 因为两者之间的距离总是要比它们的半径大很多很多倍, 所以上述简化的数理分析还是言之成理的. Newton 想要把这种太阳和行星之间的引力推广到宇宙万物之间, 对这一极其广泛的 "猜想", 他首先得加以验证的乃是地球和一个球外质点 (例如苹果) 之间的引力, 即地球各部分对于该质点的诸多引力的 "总和", 它本质上乃是一

个积分. 总之, 当年 Newton 亟需有一个善用球面对称性的引力积分公式. 从他 1686 年 6 月给 Halley 的信可知, 一直到那时他才证得下述公式 (他在信中说, 一直到 1685 年, 他还认为下述公式是错的), 即 "设万有引力定律成立, 则一个均匀密度的球面薄壳对于球外一个质点的引力总和等同于把球面的总质量置于球心, 对于该质点的引力. "

当年 Newton 对于上述重要公式的几何证明是相当困难的 (参见他的巨著《自然哲学的数学原理》), 其实这也正是使 Newton 推迟万有引力定律发表近廿年的主要原因之一.

如今回顾, 当年 Newton 所遭遇的困难并非是本质性的, 只要充分善用球面的几何, 即可将上述公式给出简洁初等的几何证明, 如图 10, 证明如下:

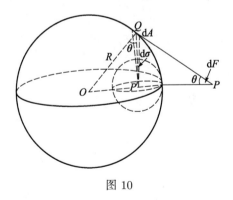

图 10

$$\overline{OP}\cdot\overline{OP'} = R^2, \triangle OPQ \sim \triangle OQP', \mathrm{d}A\cos\theta = \overline{P'Q}^2\mathrm{d}\sigma,$$

$$|\mathrm{d}F|\cos\theta = G\frac{m\rho\mathrm{d}A}{\overline{PQ}^2}\cos\theta$$

$$= G\frac{m\rho\overline{P'Q}^2}{\overline{PQ}^2}\mathrm{d}\,\sigma = G\frac{m\rho R^2}{\overline{OP}^2}\mathrm{d}\,\sigma$$

$$\Rightarrow \sum |\mathrm{d}F|\cos\theta = G\frac{m\rho 4\pi R^2}{\overline{OP}^2} = G\frac{mM}{\overline{OP}^2}.$$

# 四、对称性与最小作用原理

对称性和最小作用原理 (least action principle) 乃是大自然内在结构上完美和精简的两种自然表现, 而且是极其主要的表现形式. 对称性和最小作用原理这两种完美精简的本质之间的相互作用, 又往往是重要的基本定理的自然出处. 限于时间的缘故, 仅以古典几何学和古典力学为例, 作以下简要概述.

## 欧氏、球面与双曲几何 的统一理论

欧氏, 球面和双曲 (亦称为非欧) 这三种古典几何在线段、角和三角形上都具有同样的叠合条件, 而它们的区别则在于 "三角形的内角和" 分别恒等于、恒大于和恒小于一个平角. 可以说它们是三种大同小异的几何体系, 若改用现代语言来描述, 其大同在于三者都具有同样的对称性, 亦即对于其中任给一点的局部保长变换群 $ISO(M^n, p)$ 都是极大可能的 $O(n)$. 这三种古典几何的基本定理在于它们各自的正弦、余弦定律, 即

$$\left.\begin{matrix} \text{欧氏} \\ \text{球面} \\ \text{双曲} \end{matrix}\right\} \text{正弦定律} \begin{cases} \dfrac{\sin A}{a} = \dfrac{\sin B}{b} = \dfrac{\sin C}{c}, \\ \dfrac{\sin A}{\sin a} = \dfrac{\sin B}{\sin b} = \dfrac{\sin C}{\sin c}, \\ \dfrac{\sin A}{\sinh a} = \dfrac{\sin B}{\sinh b} = \dfrac{\sin C}{\sinh c}. \end{cases}$$

$$\left.\begin{matrix} \text{欧氏} \\ \text{球面} \\ \text{双曲} \end{matrix}\right\} \text{余弦定律}$$

$$\begin{cases} \cos A = \dfrac{1}{2bc}(b^2 + c^2 - a^2), \cdots, \\ \sin b \sin c \cos A = \cos a - \cos b \cos c, \cdots, \\ \sinh b \sinh c \cos A = \cosh b \cosh c - \cosh a, \cdots. \end{cases}$$

从上述这样一段简要的概括, 自然会想到: 是否能够求大同、存小异地对上述三种三角定律给以统一的证明呢? 假若可能, 则会使我们更深入精确地理解上述基本定律的本质. 对此可概述其统一理论如下 (细节请参看[11 ~ 13]):

**定义** 设 $f(r)$ 二阶连续可微, 且 $f(0) = 0$, $f'(0) = 1$, 令 $(r, \theta)$ 为 $M^2(f)$ 上的极坐标, 其中 $M^2(f) = \{(r, \theta), \mathrm{d}s^2 = \mathrm{d}r^2 + f(r)^2\mathrm{d}\theta^2\}$, 称其为以 $2\pi f(r)$ 为其周长函数的抽象旋转面.

**$M^2(f)$ 上的广义正弦定律** 设 $\gamma(s)$ 是 $M^2(f)$ 上任给的一条测地线, $\alpha(s)$ 是其切向量 $t(s)$ 和 $\dfrac{\partial}{\partial r}$ 之间的夹角, 则 $f(r(s))\sin\alpha(s) = $ 常数.

**证明** 由弧长第一变分公式, 可证沿着 $\gamma(s)$ 有

$$\frac{\mathrm{d}\alpha}{\mathrm{d}s} + f'(r(s))\frac{\mathrm{d}\theta}{\mathrm{d}s} \equiv 0,$$

由此可得

$$\frac{\mathrm{d}}{\mathrm{d}s}(f(r)\sin\alpha) = f'(r)\frac{\mathrm{d}r}{\mathrm{d}s}\sin\alpha + f(r)\cos\alpha\frac{\mathrm{d}\alpha}{\mathrm{d}s}$$

$$= f(r)\frac{\mathrm{d}r}{\mathrm{d}s}\left[\frac{\mathrm{d}\alpha}{\mathrm{d}s} + f'(r)\frac{\mathrm{d}\theta}{\mathrm{d}s}\right] \equiv 0.$$

上述广义正弦定律是 $M^2(f)$ 上的旋转对称性和测地线的极小性之间相互作用的自然结果.

**$M^2(f)$ 上的广义余弦定律** 设 $\triangle OAB$ 是 $M^2(f)$ 中的一个测地线三角形 (图 11), 则有

$$c = \overline{AB} = \int_b^a \frac{f(r)\mathrm{d}r}{\pm\sqrt{f(r)^2 - (f(b)\sin A)^2}}.$$

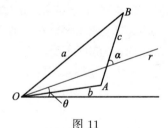

图 11

**证明**

$$\frac{\mathrm{d}r}{\mathrm{d}s} = \cos\alpha = \pm\sqrt{1 - \sin^2\alpha}$$

$$= \frac{\pm\sqrt{f(r)^2 - (f(b)\sin A)^2}}{f(r)}$$

$$\Rightarrow \mathrm{d}s = \frac{f(r)\mathrm{d}r}{\pm\sqrt{f(r)^2 - (f(b)\sin A)^2}}.$$

由此可见, 它乃是广义正弦定律的直接推论!

# Lagrange 最小作用原理和 Jacobi 几何化

在 Halley 的极力敦促和全额资付之下, Newton 的划时代巨著《自然哲学的数学原理》终于在 1687 年出版, 大体上它把早先 Kepler 和 Galileo 开创性的伟大成果, 以精辟的数理分析 (主要是几何分析) 加以综合开展, 创立了古典力学 (classical mechanics). 它以下述力学三定律为基础, 第一, 惯性定律; 第二, $F=ma$(Galileo); 第三, 作用力和反作用力定律 (Newton), 而由 Kepler 行星三定律到万有引力定律则是其精要所在.

初看起来, 第一定律似乎是第二定律的特例, 其实不然! 第一定律的本质重要性在于适于古典力学研讨的坐标系之选定, 亦即不受外力作用者恒作直线等速运动的那种惯性坐标系. 两个惯性坐标系之间的坐标变换 $x' = x + ct$ 叫做 Galileo 变换. 如牛顿在该书指出的, 古典力学乃是在 Galileo 变换下保持不变者, 称之为力学的相对性 (relativity).

## 位空间、位能、动能与能量守恒律

对于一个给定的力学体系, 其所有可能的位置 (configuration) 所组成的空间, 称为位空间 (configuration space), 记为 $M$. 作用于其上的力 $F$ 则是位空间 $M$ 上的一个向量场 (vector field). 在一般古典力学所讨论的问题中, 如天体力学中的 $n$ 体问题, $M$ 上存在一个位能函数 $U$ 使得 $\boldsymbol{F} = \nabla U$ (梯度, gradient), 而 $-U$ 则是该体系的位能 (potential energy). 此外, 经常以 $T$ 表示动能 (kinetic energy), 此时能量守恒定律可表述为: 沿着一条运动曲线 $\gamma(t), T - U =$ 常量.

**牛顿方程和最小作用原理**

力学体系的一个运动 (motion) 是其位空间 $M$ 上一条满足下述牛顿方程的参数曲线: "$\boldsymbol{F}=m\boldsymbol{a}$", $\boldsymbol{F} = \nabla U$, 它是定义于位空间 $M$ 上的一个二阶常微分方程. 这种解曲线是由其初值 (即起点和初速度) 所唯一确定的. 所以牛顿对力学体系中运动轨迹 (trajectories) 的解析描述所采用的方式是: 微分方程的初值问题, 本质上是一种局部化的刻画. 但是古典力学所要研讨的要点则是这种解曲线的大域 (或整体) 几何性质 (global geometrical properties). 如周期解的存在性和唯一性问题, 它是大域几何问题中一个自然而且重要, 但往往又是非常困难的问题. 试问在多种多样的大域几何问题之中, 是否有一种既简朴又基本的呢? 稍加分析, 就会想到下述边界问题乃是这样的一个基本问题, 即 "对于位空间中给定的两点 $P$ 和 $Q$, 如何来刻画那些以 $P$、$Q$ 为始、终点的解曲线?"

在几何光学 (geometrical optics) 中, 同样的边界问题可以用简洁的极小时间原理 (Fermat's principle of least time) 加以刻画. 有鉴于此, 自然会试着也用某种适当的极小性去刻画古典力学中的上述边界问题之解. Leibniz, Euler, Maupertuis 和 Lagrange 等在这方面的探讨导致下述最小作用原理.

**Lagrange 最小作用原理** 过给定点 $P, Q$ 的解曲线 $\gamma_0(t)$ 是使下述积分值 (称之为 action) $J(\gamma) = \int_\gamma T \mathrm{d}t$ 在所有过 $P$、$Q$ 而且能量 $h = T - U$ 守恒的曲线中取极值者.

刻画边界问题之解的最小作用原理并非唯一, 例如 Hamilton 最小作用原理就是另外一个可供选用而且经常被选用的最小作用原理. 限于篇幅, 在此只对上述最小作用原理作进一步的讨论. 当解曲线可以用某种线积分的极小性加以刻画时, 其所含的极短的 "微段" 当然也要满足这种极小性. 不难看到这种局限到无穷短的极小性乃是一种微分条件式. 在古典力学范畴中, 这种微分条件当然要和牛顿方程等价. 由此可见, 在古典力学中, 最小作用原理乃是对边界问题这种基本简朴的全局性问题的积分描述法, 而牛顿方程则是前者的局部化, 是一种微分描述法. 有鉴于微分方程的存在性和唯一性定理, 这种微分描述法凸显了解曲线 (即运动) 由其初值所唯一确定的本质. 对此, 在牛顿的《自然哲学的数学原理》中是一个不加证明的论断, 称之为 (古典力学的) 决定性原则 (deterministic doctrine). 其实, 上述微分方程解的存在性和唯一性定理乃是后来的数学家为牛顿这位开山祖师的上述论断提供的数理依据.

## Jacobi 的动能度量和古典力学之几何化

人类天赋的超群脑力之中, 不但包括遗传的视觉, 而且也具有对于空间本质的优良直观感 (intuition). 例如两个平面图形的相似性是很直观的, 而相似三角形定理则是这种直观的纯化、明确化. 大体上来说, 几何直观和想象力实乃天赋有之, 但是对于空间本质的洞察力和精益求精, 精简合一, 以简驭繁则是要通过几何学才能达到的境界. 总之, 空间概念 (concept of space) 对于人类脑力来说是最富有直观也是最易于心领神会的. 由此可见, 在各种各样的最小作用原理中, 一个度量空间中的测地线是最易于理解和想象的. 有鉴于此, 自然就会问: 是否能够把古典力学中的 Lagrange 最小作用原理也转换为某种度量空间中的测地线来研讨呢? 这也就是 Jacobi 在 19 世纪 40 年代所达成的古典力学几何化.

首先, Jacobi 认识到动能的本质乃是位空间 $M$ 上的一种度量结构 (如今称之为黎曼度量). 他引入下述弧长元素, $\mathrm{d}s^2 = \dfrac{2}{m}T\mathrm{d}t^2$ ($m$ 为总质量), 称为动能度量(或 Jacobi 度量). 其次, 对于给定的能阶常量 $h = T - U$, 令

$$M_{(h,U)} = \{p \in M, (h+U)_p \geqslant 0\},$$

$$\mathrm{d}\overline{s}^2 = (h+U)\mathrm{d}s^2,$$

则有

$$\int_\gamma T\mathrm{d}t = \int_\gamma \sqrt{T}\sqrt{T}\mathrm{d}t = \sqrt{\frac{m}{2}}\int_\gamma \sqrt{T}\mathrm{d}s = \sqrt{\frac{m}{2}}\int_\gamma \mathrm{d}\overline{s}.$$

通过上述简洁自然的定义, Jacobi 一蹴而就地把古典力学的研究归结到度量空间 $(M_{(h,U)}, \mathrm{d}\bar{s}^2)$ 上测地线的大域几何之研究, 这就是测地线的 Jacobi-Morse 理论的发祥地.

在此, 我们还应该注意以下几点:

(1) 在 $U$ 恒等于零的特殊情形, $\mathrm{d}\bar{s}^2$ 和 $\mathrm{d}s^2$ 只差一个常数倍. 所以黎曼空间上的 Jacobi-Morse 理论其实就是 $U \equiv 0$ 的古典力学, 而古典力学则是上述 "纯几何" 的 Jacobi-Morse 理论在 $U \neq 0$ 情形的推广.

(2) Jacobi-Morse 理论中最为基本重要的方程就是 Jacobi 方程, 它是测地线方程的线性化. 当黎曼空间具有丰富的对称性时 (例如对称空间), 由对称性和极小性的相互作用, 大大地简化了 Jacobi 方程的求解, 因而也大大地简化了其上 Jacobi-Morse 理论的研究. 参看 Bott-Samuelsen 在对称空间情形的工作 [2] 及随后把它用来得出 Bott- Periodicity [1] 的重大成果.

(3) 在真正古典力学的情形, 例如天体力学中的三体问题, 上述 Jacobi-Morse 理论的研究离克竟其功还相差甚远! 这就是一个有待于我们去致力解决而且有很好远景的问题. 至今, 牛顿力学业已有三百多年的历史, 而我们对于重要、基本的三体问题的理解程度依然很不理想, 这实在是令人难以接受.

# 五、从勾股弦到狭义相对论

远在两千多年前, 中国和希腊古文明就已经发现了勾股弦公式 (亦即毕氏公式), 其本身只是一个直角三角形三边边长之间简洁的代数关系, 但是它所包含的推论却是无比深远广泛, 它是欧氏空间至精至简的主角. 本章将简明扼要地概述由勾股定理逐步深化和推广, 一直到 1905 年 Einstein 的狭义相对论这一横跨两千多年的引人入胜的几何与物理协奏的史诗.

## 广义勾股定理, 向量内积和垂直投影

改用向量来表述勾股定理, 即为在向量 $a \perp b$(正交) 时有 $|a \pm b|^2 = |a|^2 + |b|^2$, 所以理解其广义内涵的第一步就要把它推广为对任给的一对向量 $\{a, b\}$ 皆普遍成立的恒等式, 即

**广义勾股定理**  $|a + b|^2 + |a - b|^2 = 2|a|^2 + 2|b|^2$.

**证明**  用平面到 "$a$ 所在直线的垂直投影" 把 $b$ 分解成 $b_1 + b_2$, 其中 $b_1$ 和 $a$ 共线, 而 $b_2$ 和 $a$ 垂直. 即有

$$|\boldsymbol{a}+\boldsymbol{b}|^2 + |\boldsymbol{a}-\boldsymbol{b}|^2$$

$$= |\boldsymbol{a}+\boldsymbol{b}_1|^2 + |\boldsymbol{b}_2|^2 + |\boldsymbol{a}-\boldsymbol{b}_1|^2 + |\boldsymbol{b}_2|^2$$

$$= (|\boldsymbol{a}| \pm |\boldsymbol{b}_1|)^2 + (|\boldsymbol{a}| \mp |\boldsymbol{b}_1|)^2 + 2|\boldsymbol{b}_2|^2$$

$$= 2|\boldsymbol{a}|^2 + 2|\boldsymbol{b}_1|^2 + 2|\boldsymbol{b}_2|^2 = 2|\boldsymbol{a}|^2 + 2|\boldsymbol{b}|^2.$$

上述证明是勾股定理和最为简单的垂直投影的直接配合.

我们还可以用上述二元向量恒等式直接推导下述三元向量恒等式, 即

$$|\boldsymbol{a}+\boldsymbol{b}+\boldsymbol{c}|^2 - |\boldsymbol{a}+\boldsymbol{b}|^2 - |\boldsymbol{b}+\boldsymbol{c}|^2 - \qquad (*)$$

$$|\boldsymbol{c}+\boldsymbol{a}|^2 + |\boldsymbol{a}|^2 + |\boldsymbol{b}|^2 + |\boldsymbol{c}|^2 \equiv 0$$

上述对于任给 $\{\boldsymbol{a}, \boldsymbol{b}, \boldsymbol{c}\}$ 成立的恒等式的深刻内涵在于下述二元函数

$$f(\boldsymbol{a}, \boldsymbol{b}) = \frac{1}{2}\{|\boldsymbol{a}+\boldsymbol{b}|^2 - |\boldsymbol{a}|^2 - |\boldsymbol{b}|^2\}$$

是双线性的 (bilinear), 因为

$$f(\boldsymbol{a}, \boldsymbol{b}+\boldsymbol{c}) - f(\boldsymbol{a}, \boldsymbol{b}) - f(\boldsymbol{a}, \boldsymbol{c}) = \frac{1}{2}\{(*)\} \equiv 0 \quad (*')$$

若把 $f(\boldsymbol{a}, \boldsymbol{b})$ 定义为内积 $\boldsymbol{a} \cdot \boldsymbol{b}$, 则 $(*')$ 式就是内积分配律:

$$\boldsymbol{a} \cdot (\boldsymbol{b}+\boldsymbol{c}) = \boldsymbol{a} \cdot \boldsymbol{b} + \boldsymbol{a} \cdot \boldsymbol{c} \qquad (*')$$

这也就是向量内积的出处. 它是勾股定理和平面到其中一条直线的垂直投影相结合之产物, 反过来, 它又是理解、计算一个 $n$ 维欧氏空间到任给的 $k$ 维平面的垂直投影的有力工具.

# 勾股定理的高维推广和格氏代数

## 定向和平行体的有号体积

一条直线 $l$ 上有相反的两个方向, 取定其一为正向, 则 $l$ 上的有向线段 $\overrightarrow{AB}$ 就可赋以有号长度. 将直线 $l$ 和其上的线段都加以定向, 然后再对有向线段定义其有号长度, 其好处 (或必要性) 究竟何在? 假若它既无多大好处, 又非必要, 岂非庸人自扰? 在此仅以两个古典的平面几何定理说明其必要性, 参见图 12.

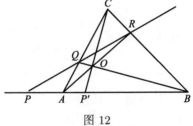

图 12

**Menelaus 定理和逆定理** 分别位于 $\triangle ABC$ 的三边 (或其延长线) 上的 $P$, $Q$, $R$, 其共线的充要条件是

$$\frac{\overrightarrow{AP}}{\overrightarrow{PB}} \cdot \frac{\overrightarrow{BR}}{\overrightarrow{RC}} \cdot \frac{\overrightarrow{CQ}}{\overrightarrow{QA}} = -1.$$

**Ceva 定理和逆定理** 如图 12 所示, $P'$, $Q$, $R$ 分别位于 $\triangle ABC$ 的三边 (或其延长线) 上, 则 $AR$, $BQ$, $CP'$ 三线交于一点的充要条件是

$$\frac{\overrightarrow{AP'}}{\overrightarrow{P'B}} \cdot \frac{\overrightarrow{BR}}{\overrightarrow{RC}} \cdot \frac{\overrightarrow{CQ}}{\overrightarrow{QA}} = +1.$$

不难看到，在上述两个定理中各对共线的有向线段之比值，采用有号长度是必要的.

一个二维平面 $\pi$ 上有两个角度的转向，$\pi$ 的定向即为取其一为正向. 其上一对有序向量 $(\boldsymbol{a},\boldsymbol{b})$ 所张成的平行四边形 $//(\boldsymbol{a},\boldsymbol{b})$[①]的定向则定义为由 $\boldsymbol{a}$ 转向 $\boldsymbol{b}$ 的转向. $\pi$ 上一个定向的平行四边形 $//(\boldsymbol{a},\boldsymbol{b})$ 的有号面积之正负取决于上述转向之正负，记为 $A(\boldsymbol{a},\boldsymbol{b})$. 有号面积的好处是 $A(\boldsymbol{a},\boldsymbol{b})$ 可表达为 $\boldsymbol{a},\boldsymbol{b}$ 的斜对称双线性函数. 而且由此易证

$$A(\boldsymbol{a},\boldsymbol{b}) \cdot A(\boldsymbol{c},\boldsymbol{d}) = \begin{vmatrix} \boldsymbol{a}\cdot\boldsymbol{c} & \boldsymbol{b}\cdot\boldsymbol{c} \\ \boldsymbol{a}\cdot\boldsymbol{d} & \boldsymbol{b}\cdot\boldsymbol{d} \end{vmatrix}.$$

在高维空间上是否也有自然的 "定向概念"，使其上一个定向的平行体的有号体积也是斜对称而且多线性的呢？易见此事的关键在于自然的定向概念如何确立，亦即认清定向概念的几何根源何在？ 一个 $k$ 维欧氏空间上的保长变换都可以由其对于几个 $(k-1)$ 维子空间的反射对称组合而成. 而且两个反射对称的组合乃是平移或旋转. 由此易见，它的保长变换群的单位元素连通区 (connected component of identity) 是由所有偶数个反射对称的组合所组成. 总之，一个 $k$ 维欧氏空间的两个定向 (orientation) 相应于

———————————

① $//(\boldsymbol{a},\boldsymbol{b})$是以$\boldsymbol{a},\boldsymbol{b}$为两邻边的平行四边形，$//(\boldsymbol{a}_1,\cdots,\boldsymbol{a}_k)$是平行体.

其保长变换群的两个连通区. 换言之, 反射对称是把一个定向改为另一个定向. 有了上述认识, 就可以对于其中任给有序的线性无关的 $k$ 向量组 $(a_1, \cdots, a_k)$ 赋予定向, 对其所张成的 $k$ 维平行体 $//(a_1, \cdots, a_k)$ 定义其有号体积 $V(a_1, \cdots, a_k)$. 由此顺理成章, 对同在一个 $k$ 维空间中的两个平行体 $//(a_1, \cdots, a_k)$ 和 $//(b_1, \cdots, b_k)$, 可得下述同样的公式 (本质上是行列式的乘法公式):

$$V(a_1, \cdots, a_k)V(b_1, \cdots, b_k) = |a_i \cdot b_j|$$

(即 $\det(a_i \cdot b_j)$).

**高维勾股定理**

勾股定理的广义形式可以优化为内积和内积的分配律. 而且两个向量 $a, b$ 的内积又可以用下述更加几何化的描述, 即

$$a \cdot b = a \cdot (b' + b'') = a \cdot b' + a \cdot b''$$

$$= a \cdot b' = a \text{ 和 } b' \text{ 的有号长度之积},$$

其中 $b'$ 是 $b$ 在 $a$ 所在的直线上的垂直投影, 而 $b''$ 则和 $a$ 垂直 (图 13).

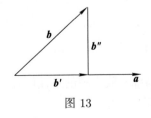

图 13

现在考虑如下问题: 是否也可以把上述内积的几何描述推广到高维, 同样地试着定义高维空间中的两个 $k$ 维平行体 $//(a_1, \cdots, a_k)$ 和 $//(b_1, \cdots, b_k)$ 之间的内积呢? 亦即当两者处在同一个 $k$ 维空间中时, 将内积: $\langle //(a_1, \cdots, a_k), //(b_1, \cdots, b_k) \rangle$ 定义为两者的有号体积的乘积, 即 $V(a_1, \cdots, a_k) \cdot V(b_1, \cdots, b_k) = |a_i \cdot b_j|$, 而在一般情况下当两者不在同一个 $k$ 维空间中时, 则将内积

$$\langle //(a_1, \cdots, a_k), //(b_1, \cdots, b_k) \rangle$$

定义为 $V(a_1, \cdots, a_k) \cdot V(b'_1, \cdots, b'_k) = |a_i \cdot b'_j|$, 其中 $b'_j (1 \leqslant j \leqslant k)$ 是 $b_j$ 在 $//(a_1, \cdots, a_k)$ 所在的 $k$ 维空间的垂直投影. 所以有

$$a_i \cdot b_j = a_i \cdot (b'_j + b''_j) = a_i \cdot b'_j + 0 = a_i \cdot b'_j$$

对于所有 $1 \leqslant i, j \leqslant k$ 皆成立. 因为上述 $b''_j = b_j - b'_j$ 和 $\{a_i, 1 \leqslant i \leqslant k\}$ 都是垂直的.

总结上述分析, 我们就可以直截了当地采用垂直投影和有号 $k$ 维体积之乘积相结合来定义两个 $k$ 维平行体的 "内积", 即

$$
\begin{aligned}
&\langle //(a_1, \cdots, a_k), //(b_1, \cdots, b_k) \rangle \\
&\overset{\text{def}}{=} V(a_1, \cdots, a_k) \cdot V(b'_1, \cdots, b'_k) \\
&= |a_i \cdot b'_j| = |a_i \cdot b_j|.
\end{aligned}
$$

这就是高维勾股定理的最优形式 (这里用到了 $k$ 阶行列式乘法公式).

## 格氏代数 (Grassmann algebra)

一般来说,"抽象化"乃是对要研讨的事物, 择其精要妥加组织从而构造便于研讨运用的精简体系. 格氏代数就是将上述度量欧氏几何的精要妥加组织而成的代数体系. 它是研究度量几何和多元积分的有力工具. 兹简述其要如下:

(1) 把等积同向的 $k$ 维平行体的等价类定义为 $k$- 向量 ($k$-vector) 且以符号 $\boldsymbol{a}_1 \wedge \cdots \wedge \boldsymbol{a}_k$ 表示包含 $//(\boldsymbol{a}_1, \cdots, \boldsymbol{a}_k)$ 的等价类, 即

$$\boldsymbol{a}_1 \wedge \cdots \wedge \boldsymbol{a}_k = \boldsymbol{b}_1 \wedge \cdots \wedge \boldsymbol{b}_k$$

$$\Leftrightarrow \boldsymbol{b}_i = \sum_{j=1}^{k} \beta_{ij} \boldsymbol{a}_j \text{ 而且 } \det|\beta_{ij}| = 1.$$

(2) 定义两个 $k$-向量的内积如下:

$$\langle \boldsymbol{a}_1 \wedge \cdots \wedge \boldsymbol{a}_k, \boldsymbol{b}_1 \wedge \cdots \wedge \boldsymbol{b}_k \rangle = |\boldsymbol{a}_i \cdot \boldsymbol{b}_j|.$$

(3) 外积的定义: 我们把 $\boldsymbol{a}_1 \wedge \cdots \wedge \boldsymbol{a}_k$ 想象成 $\boldsymbol{a}_1, \boldsymbol{a}_2, \cdots, \boldsymbol{a}_k$ 的外积, 所以 "$\wedge$" 是斜对称的, 而且当 $\{\boldsymbol{a}_1, \boldsymbol{a}_2, \cdots, \boldsymbol{a}_k, \boldsymbol{b}_1, \boldsymbol{b}_2, \cdots, \boldsymbol{b}_l\}$ 线性无关时把 $(\boldsymbol{a}_1 \wedge \cdots \wedge \boldsymbol{a}_k) \wedge (\boldsymbol{b}_1 \wedge \cdots \wedge \boldsymbol{b}_l)$ 定义为

$$\boldsymbol{a}_1 \wedge \cdots \wedge \boldsymbol{a}_k \wedge \boldsymbol{b}_1 \wedge \cdots \wedge \boldsymbol{b}_l,$$

即包含 $(k+l)$ 维平行体 $//(\boldsymbol{a}_1, \boldsymbol{a}_2, \cdots, \boldsymbol{a}_k, \boldsymbol{b}_1, \boldsymbol{b}_2, \cdots, \boldsymbol{b}_l)$ 的等价类, 而在线性相关的情形则定义为 0.

(4) $\boldsymbol{a}_1 \wedge \cdots \wedge \boldsymbol{a}_k + \boldsymbol{b}_1 \wedge \cdots \wedge \boldsymbol{b}_k =?$

对此, 在 $k \geqslant 2$ 时和 $k = 1$ 的情形是大不相同的. 一来没有自然的几何构造法, 二来对于任给的 $k$- 向量 $\boldsymbol{x}_1 \wedge \cdots \wedge \boldsymbol{x}_k$, 使得

$$\langle ?, \boldsymbol{x}_1 \wedge \cdots \wedge \boldsymbol{x}_k \rangle$$
$$= \langle \boldsymbol{a}_1 \wedge \cdots \wedge \boldsymbol{a}_k, \boldsymbol{x}_1 \wedge \cdots \wedge \boldsymbol{x}_k \rangle +$$
$$\langle \boldsymbol{b}_1 \wedge \cdots \wedge \boldsymbol{b}_k, \boldsymbol{x}_1 \wedge \cdots \wedge \boldsymbol{x}_k \rangle$$

皆成立的 "?" 通常根本无解. 因此我们唯一可行的办法就是在上式根本无解的情形下, 把 $\boldsymbol{a}_1 \wedge \cdots \wedge \boldsymbol{a}_k + \boldsymbol{b}_1 \wedge \cdots \wedge \boldsymbol{b}_k$ 想象成 "新的元素".

设 $V$ 是 $\mathbb{R}$ 上的 $n$ 维内积向量空间, $\{\boldsymbol{e}_i, 1 \leqslant i \leqslant n\}$ 是 $V$ 中一组正交基. 则下述 $\binom{n}{k}$ 个 $k$- 向量

$$\{\boldsymbol{e}_{i_1} \wedge \cdots \wedge \boldsymbol{e}_{i_k}, 1 \leqslant i_1 < \cdots < i_k \leqslant n\}$$

是互相正交的而且长度为 1 (即 orthonormal). 而且任给 $\boldsymbol{a}_1 \wedge \cdots \wedge \boldsymbol{a}_k$ 都可表达成它们的线性组合, 即有

$$\boldsymbol{a}_1 \wedge \cdots \wedge \boldsymbol{a}_k =$$
$$\sum_{i_1 < \cdots < i_k} \langle \boldsymbol{a}_1 \wedge \cdots \wedge \boldsymbol{a}_k, \boldsymbol{e}_{i_1} \wedge \cdots \wedge \boldsymbol{e}_{i_k} \rangle \boldsymbol{e}_{i_1} \wedge \cdots \wedge \boldsymbol{e}_{i_k}.$$

其实, $\boldsymbol{e}_{i_1} \wedge \cdots \wedge \boldsymbol{e}_{i_k}$ 所表示的就是在 $\{i_1, \cdots, i_k\}$- 坐标 $k$- 平面上的单位体积平行体, 而上述线性组合的系数, $\langle \boldsymbol{a}_1 \wedge \cdots \wedge \boldsymbol{a}_k, \boldsymbol{e}_{i_1} \wedge \cdots \wedge \boldsymbol{e}_{i_k} \rangle$ 则是平行体 $\boldsymbol{a}_1 \wedge \cdots \wedge \boldsymbol{a}_k$ 在 $\{i_1, \cdots, i_k\}$- 坐标 $k$-平面上的垂直投影的体积. 总之 $\{\boldsymbol{e}_{i_1} \wedge \cdots \wedge \boldsymbol{e}_{i_k}\}$ 的形式线性组合已包括所有 $k$-向量之形式和, 以 $\wedge^k(V)$ 记之, 它是一个 $\binom{n}{k}$ 维内积向量空间.

**定义** 格氏代数 $G(V) \overset{\text{def}}{=} \oplus \sum_{k=0}^{n} \wedge^k(V)$.

# 多元积分, 外微分和 Stokes 定理

在多元、多关系的分析学中, 有线积分、面积分、体积分等等各种各样的高维积分.

## 线积分及其高维推广

自古以来, 积分的基本思想就是细分求和的极限. 所以积分所表达的是一个大域的量, 但是又可以将一个线积分、面积分或体积分按照分段、分片或分块求之, 然后再求其总和. 例如沿一条曲线 $\gamma$ 的线积分, $\gamma$ 本身是分段可微的, 每个分段 $\gamma_j$ 都可以用其所在邻域的局部坐标给以参数表达式, 而所求积分元素 (integrand) 则是一个一次微分形式, 其局部坐标的表达式是

$$\omega = \sum_{i=1}^{n} f_i(x)\mathrm{d}x_i.$$

众所周知, 线积分

$$\int_{\gamma_j} \omega = \int_a^b \sum f_i(\gamma_j(t))\varphi_i{}'(t)\mathrm{d}t,$$

其中 $\gamma_j(t) = (\varphi_1(t), \cdots, \varphi_n(t))$ 是 $\gamma_j$ 在局部坐标的参数表达, $a \leqslant t \leqslant b$, 而且上述线积分与 $\gamma_j$ 的参数表达的选取无关. 再者, 整条曲线 $\gamma$ 上的线积分

$$\int_{\gamma} \omega = \sum_j \int_{\gamma_j} \omega$$

当然也和 $\gamma$ 如何分段无关.

同样, 我们也可以分割局部求积分, 把一个 $k$ 次微分形式 $\omega$ 在一个分区可微的 $k$ 维曲面 $\Sigma$ 上的积分 $\int_\Sigma \omega$ 表达成

$$\int_\Sigma \omega = \sum_j \int_{\Sigma_j} \omega,$$

其中每一片 $\Sigma_j$ 的参数表示是由下述 $\mathbb{R}^k$ 的一个区域 $D$ 到局部坐标邻域 $\Omega \subset \mathbb{R}^n$ 的可微映射, 即

$$\{(t_1, \cdots, t_k)\} = \mathbb{R}^k \supseteq D \xrightarrow{\Phi} \Omega \subset \mathbb{R}^n = \{(x_1, \cdots, x_n)\},$$

而 $\Phi^*(\omega)$ 则是定义于 $D$ 上的 $k$ 次微分形式, 亦即

$$\int_{\Sigma_j} \omega = \int_D \Phi^*(\omega) = \int_D F(\boldsymbol{t}) \mathrm{d}t_1 \wedge \cdots \wedge \mathrm{d}t_k$$

是一个简朴的 $k$ 重积分.

再者, 不难验证 $\int_{\Sigma_j} \omega = \int_D \Phi^*(\omega)$ 和 $\Sigma_j$ 的参数表达 $\Phi$ 的选取无关, 而总和 $\int_\Sigma \omega = \sum_j \int_{\Sigma_j} \omega$ 则和 $\Sigma$ 的分割法也是无关的.

**特例** 在一次微分形式 $\omega = \mathrm{d}f$, 即是一个全微分 (total differential) 这种特殊情形, 由微积分基本定理, 即有

$$\begin{aligned}
\int_\gamma \mathrm{d}f &= \sum_j \int_{\gamma_j} \mathrm{d}f \\
&= \sum_{j=1}^m f(p_j) - f(p_{j-1}) \\
&= f(p_m) - f(p_0),
\end{aligned}$$

其中 $p_{j-1}$ 和 $p_j$ 分别是分段 $\gamma_j$ 的始点和终点, 而 $p_0$ 和 $p_m$ 则是 $\gamma$ 的始点和终点. 由此可见当 $\gamma$ 是一条闭曲线 (亦即 $p_0 = p_m$) 时, 则有 $\oint_\gamma \mathrm{d}f = 0$.

### 外微分和 Stokes 定理

上述 $k$ 维曲面积分 $\int_\Sigma \omega$, 本质上乃是一个 $k$ 维的几何事物 $\Sigma$ 和一个 $k$ 次的解析事物 $\omega$ 互相作用所自然产生之值, 前者是分片可微的 $k$ 维曲面, 而后者则是 $k$ 次微分形式. 我们不妨采用在两个对偶线性空间 $V$ 和 $V^*$ 之间的配对符号, 以 $\langle \Sigma, \omega \rangle$ 表示 $\int_\Sigma \omega$. 其用意是把 $\int_\Sigma \omega$ 想成 "$k$ 维几何事物" 和 "$k$ 次微分形式" 之间的对偶性相互作用. 则上述特例可以改写成:

$$\langle \gamma, \mathrm{d}f \rangle = f(p_m) - f(p_0) = \langle \partial\gamma, f \rangle.$$

这种对偶性观点引领我们去探索是否可以把上述全微分运算推广成一种 $k$ 次外微分形式的微分 "d", 使得

$$\langle \Sigma, \text{``d''} \omega \rangle = \langle \partial\Sigma, \omega \rangle$$

对于所有可微的 $k$ 次外形式 $\omega$ 和 $(k+1)$ 维分片可微的 $\Sigma$ 皆普遍成立? 这也就是我们要按图索骥地去发现的外微分 (exterior differentiation) 和 Stokes 定理, 它是微积分基本定理在多元积分的范畴的自然推广! 是多元分析学极其重要, 应用广阔深远的基本定理.

在 $\omega$ 是 0 次的起始情形, $\omega = f$ 乃是一个可微的函数. 它的外微分 $\mathrm{d}\omega$ 就是 $f$ 的全微分 $\mathrm{d}f$. 有鉴于下述全微分的基本运算律和 "$\wedge$" 的斜对称性, 即

$$\mathrm{d}(c_1 f_1 + c_2 f_2) = c_1 \mathrm{d}f_1 + c_2 \mathrm{d}f_2,$$

$$\mathrm{d}(f_1 f_2) = (\mathrm{d}f_1)f_2 + f_1(\mathrm{d}f_2),$$

$$\omega_1 \wedge \omega_2 = (-1)^{kl}\omega_2 \wedge \omega_1,$$

其中的 $k$、$l$ 分别是 $\omega_1$、$\omega_2$ 的次数. 可见所探求的 "外微分" 也应该具有下述类似的运算律:

(1) $\mathrm{d}(c_1\omega_1 + c_2\omega_2) = c_1\mathrm{d}\omega_1 + c_2\mathrm{d}\omega_2,$

(2) $\mathrm{d}(\omega_1 \wedge \omega_2) = \mathrm{d}\omega_1 \wedge \omega_2 + (-1)^k \omega_1 \wedge \mathrm{d}\omega_2$

(其中 $(-1)^k$ 是配合斜对称性的必须调整).

再者, 当 $\Sigma$ 是任给一片曲面而 $\omega = \mathrm{d}f$ 是全微分的情形, $\partial\Sigma$ 乃是一条分段可微的闭曲线. 所以有
$$\int_{\partial\Sigma} \mathrm{d}f = \int_{\Sigma} \mathrm{d}(\mathrm{d}f) = 0,$$ 即应有

(3) $\mathrm{d}(\mathrm{d}f) = 0$.

因为任给 $k$ 次微分形式都 (局部的)可以表达成下述形式的线性组合, $f\mathrm{d}g_1 \wedge \cdots \wedge \mathrm{d}g_k$. 由性质 (2) 和 (3) 即可推出 $\mathrm{d}(f\mathrm{d}g_1 \wedge \cdots \wedge \mathrm{d}g_k) = \mathrm{d}f \wedge \mathrm{d}g_1 \cdots \wedge \mathrm{d}g_k$, 所以按图索骥, 即得上式及其线性组合, 就是我们所探求的外微分运算. 不但如此, 由满足上述 (1)、(2) 和 (3) 的外微分运算的唯一性即可推出外微分的下述重要性质,

(4) $\mathrm{d}\Phi^*(\omega) = \Phi^*(\mathrm{d}\omega)$.

由此顺理成章, 即可把微积分基本定理推广为下述定理.

**Stokes 定理**

$$\int_{\Sigma} \mathrm{d}\omega = \int_{\partial\Sigma} \omega. \qquad (*)$$

其证明要点大体如下:

第一步: 用性质 (4) 即可把 $\dim\Sigma < n$ 的情形归于 $\dim\Sigma = n$ 的情形.

第二步: 在 $\dim\Sigma = n$ 而且是坐标 "矩形" 的情形, $(*)$ 式乃是微积分基本定理的直接推论.

第三步: 在 $\dim\Sigma = n$ 的一般情形, 可用细分逼近法而得一列 $\Omega_N \subset \Omega_{N+1} \subset \Sigma$, 而且在 $N \to \infty$ 时, $\mathrm{vol}(\Sigma \setminus \Omega_N) \to 0$. 再者, 由第二步之所证, 易见 $(*)$ 式对于所有 $\Omega_N$ 业已成立, 即

$$\int_{\Omega_N} \mathrm{d}\omega = \int_{\partial\Omega_N} \omega.$$

又由 $\lim\limits_{N\to\infty} \mathrm{vol}(\Sigma \setminus \Omega_N) \to 0$ 显然有

$$\lim_{N\to\infty} \int_{\Omega_N} \mathrm{d}\omega = \int_{\Sigma} \mathrm{d}\omega.$$

所以唯一尚需验证的是

$$\lim_{N\to\infty} \int_{\partial\Omega_N} \omega = \int_{\partial\Sigma} \omega.$$

其实, 上述极限式的证明是 Stokes 定理的整个证明之中的精微之处, 其中用到格氏代数 (即高维勾股定理), 大家务必在此细读多想之.

**例** $n = 3$ 的情形

43

一次形式: $\omega = \sum_{i=1}^{3} f_i(x) \mathrm{d}x_i$

$$\updownarrow$$

向量场: $\boldsymbol{F} = (f_1, f_2, f_3)$

二次形式: $\hat{\omega} = h_1(x)\mathrm{d}x_2 \wedge \mathrm{d}x_3 + h_2(x)\mathrm{d}x_3 \wedge$
$$\mathrm{d}x_1 + h_3(x)\mathrm{d}x_1 \wedge \mathrm{d}x_2$$

$$\updownarrow$$

向量场: $\boldsymbol{H} = (h_1, h_2, h_3)$

若以 $\hat{\omega}_{\boldsymbol{H}}$ 表示上述相应于 $\boldsymbol{H}$ 的 $\hat{\omega}$, 以 $\nabla$ 表示以 $\dfrac{\partial}{\partial x_1}, \dfrac{\partial}{\partial x_2}, \dfrac{\partial}{\partial x_3}$ 为其分量的向量算子, 则有

$$\mathrm{d}(\boldsymbol{F} \cdot \mathrm{d}\boldsymbol{x}) = \hat{\omega}_{(\nabla \times \boldsymbol{F})},$$

$$\mathrm{d}(\hat{\omega_{\boldsymbol{H}}}) = \nabla \cdot \boldsymbol{H} \cdot \mathrm{d}x_1 \wedge \mathrm{d}x_2 \wedge \mathrm{d}x_3.$$

再者, 将上述两式分别和 $\mathrm{d}(\mathrm{d}f) \equiv 0, \mathrm{d}(\mathrm{d}\omega) \equiv 0$ 相结合即有

$$\mathrm{d}(\mathrm{d}f) = \mathrm{d}(\nabla f \cdot \mathrm{d}x) = \nabla \times \nabla f \equiv 0 \Rightarrow \nabla \times \nabla f \equiv 0,$$

$$\begin{aligned} \mathrm{d}(\mathrm{d}(\boldsymbol{F} \cdot \mathrm{d}\boldsymbol{x})) &= \mathrm{d}(\hat{\omega}_{(\nabla \times \boldsymbol{F})}) \\ &= (\nabla \cdot \nabla \times \boldsymbol{F})\mathrm{d}x_1 \wedge \mathrm{d}x_2 \wedge \mathrm{d}x_3 \equiv 0 \\ &\Rightarrow (\nabla \cdot \nabla \times \boldsymbol{F}) \equiv 0. \end{aligned}$$

再者, Stokes 定理 (在 $n = 3$ 的情形) 亦可以改写成

$$\int_{\partial \varSigma} \boldsymbol{F} \cdot \mathrm{d}x = \int_{\varSigma} \hat{\omega}_{(\nabla \times \boldsymbol{F})}$$

$$\int_{\partial D} \hat{\omega}_{\boldsymbol{H}} = \int_D \nabla \cdot \boldsymbol{H} \mathrm{d}x_1 \wedge \mathrm{d}x_2 \wedge \mathrm{d}x_3$$

# 电磁学的数理分析, Maxwell 理论

电磁现象在 18 世纪之前, 所知极少, 例如雷电交加、磁石吸铁、磁针指南、摩擦生电等. 总之, 对于电与磁的研究与认识, 18 世纪才真正开始起步, 在 19 世纪获得了长足进展. Maxwell (1873) 的 *Treatise on Electricity and Magnetism* 则是一部集其大成、划时代的巨著.

如今反观, 电磁力是至今所发现的四种基本力之一, 它的影响最为广泛深远, 且千变万化, 妙用无穷. 在现代生活中, 电磁效应的应用已无处不在, 无时可缺. 我们所见、所用、所遇的一切, 例如化学变化, 生命现象等, 都是千变万化的电磁力的组合与演变.

## 电磁学中的实验性定律

**定律 1** 静电力之 Coulomb 定律 (1785)

$$F_{12} = \frac{1}{4\pi\varepsilon_0} \frac{q_1 q_2}{|r_{12}|^3} r_{12}.$$

静电力和重力都和距离平方成反比, 但是电荷有正负之别, 同号相斥、异号相吸, 而且上述比例常数要比重力者大万、亿、亿、亿、亿倍!

**定律 2** 设 $E, B$ 分别表示电场和磁场, 则它们对于一个电荷为 $q$ 以速度 $v$ 运动之质点所作用之力为 $F = q(E + v \times B)$.

**定律 3**  Gauss 定律

电场: $\displaystyle\int_{\partial\Omega}\hat{\omega}_{\boldsymbol{E}} = \frac{1}{\varepsilon_0}(\Omega\text{中所含之电荷}).$

磁场: $\displaystyle\int_{\partial\Omega}\hat{\omega}_{\boldsymbol{B}} \equiv 0.$

1820 年 Oersted 首先发现电、磁交互感应现象之后, 当代诸多科学家都勤奋地致力于这个新方向的探索、试验、研究, 所得重大成果大体上可以概括为下述几个主要的实验性定律:

**定律 4**  Biot-Savart 定律

$$\boldsymbol{B} = \frac{\mu_0}{4\pi}\frac{q\boldsymbol{v} \times \boldsymbol{r}}{|\boldsymbol{r}|^3}.$$

**定律 5**  Ampere 定律

$$\int_{\partial\Sigma}\boldsymbol{B}\cdot\mathrm{d}x = \mu_0\int_{\Sigma}\hat{\omega}_{\boldsymbol{j}}\ (\boldsymbol{j}\text{为电流场}).$$

**定律 6**  Faraday 定律

$$\int_{\partial\Sigma}\boldsymbol{E}\cdot\mathrm{d}x = -\frac{\mathrm{d}}{\mathrm{d}t}\int_{\Sigma}\hat{\omega}_{\boldsymbol{B}}.$$

**Maxwell 方程**

前述实验性定律如 Gauss, Ampere, Faraday 定律是用积分形式来表达的, 下述 Maxwell 方程则是其对应的微分方程, 即

$$\left.\begin{array}{l}(1)\ \nabla\cdot\boldsymbol{E} = \dfrac{\rho}{\varepsilon_0} \\[2mm] (2)\ \nabla\cdot\boldsymbol{B} \equiv 0\end{array}\right\}\quad (\text{Gauss定律});$$

(3) $\nabla \times \boldsymbol{E} = -\dfrac{\partial \boldsymbol{B}}{\partial t}$    (Faraday定律);

(4) $c^2 \nabla \times \boldsymbol{B} = \dfrac{\boldsymbol{j}}{\varepsilon_0} + \dfrac{\partial \boldsymbol{E}}{\partial t}$,

(修正 Ampere 定律)

其中 $\rho$ 是电荷分布, $\boldsymbol{j}$ 是电流场, $c^2 = \dfrac{1}{\mu_0 \varepsilon_0}$.

本质上, 上述 Maxwell 方程乃是其相应的 (积分形式的) 实验性定律的局部化. 兹解说如下 (主要用 Stokes 定理):

$$\int_\Omega \nabla \cdot \boldsymbol{E}\, \mathrm{d}x_1 \wedge \mathrm{d}x_2 \wedge \mathrm{d}x_3 = \int_{\partial\Omega} \hat{\omega}_{\boldsymbol{E}}$$

$$(\text{Gauss}) = \frac{1}{\varepsilon_0} \int_\Omega \rho\, \mathrm{d}x_1 \wedge \mathrm{d}x_2 \wedge \mathrm{d}x_3$$

$$\Leftrightarrow \nabla \cdot \boldsymbol{E} = \frac{\rho}{\varepsilon_0};$$

同理亦有 $\nabla \cdot \boldsymbol{B} \equiv 0$; 由 Stokes 定理和 Faraday 定律得

$$\int_\Sigma \hat{\omega}_{(\nabla \times \boldsymbol{E})} = \int_{\partial\Sigma} \boldsymbol{E} \cdot \mathrm{d}x = -\frac{\mathrm{d}}{\mathrm{d}t} \int_\Sigma \hat{\omega}_{\boldsymbol{B}}$$

$$\Leftrightarrow \nabla \times \boldsymbol{E} \equiv -\frac{\partial \boldsymbol{B}}{\partial t}$$

当 Maxwell 对于 Ampere 定律进行同样的数理分析时, 他发现原先的定律只是在 $\dfrac{\partial \boldsymbol{E}}{\partial t} \equiv \boldsymbol{0}$ 的情形才成立, 在一般情形下需要妥加改正. 因为由原来的 Ampere 定律和 Stokes 定理相结合, 得 $c^2 \nabla \times \boldsymbol{B} = \dfrac{\boldsymbol{j}}{\varepsilon_0}$, 再用恒等式 $(\nabla \cdot \nabla \times \boldsymbol{B}) \equiv 0$, 即得 $\nabla \cdot \dfrac{\boldsymbol{j}}{\varepsilon_0} \equiv 0$.

但是由电荷守恒律, $\nabla \cdot \dfrac{\boldsymbol{j}}{\varepsilon_0}$ 应该等于 $-\dfrac{1}{\varepsilon_0}\dfrac{\partial \rho}{\partial t}$. 所以在 $\dfrac{\partial \rho}{\partial t} \neq 0$ 的情形 Ampere 定律有待改正. 接着, 他发现只要将局部化的 Ampere 定律改为 (4), 则有

$$c^2 \nabla \cdot \nabla \times \boldsymbol{B} = \frac{1}{\varepsilon_0}\nabla \cdot \boldsymbol{j} + \frac{\partial}{\partial t}\nabla \cdot \boldsymbol{E}$$

$$= \frac{1}{\varepsilon_0}(\nabla \cdot \boldsymbol{j} + \frac{\partial \rho}{\partial t}) \equiv 0.$$

如今反思, 当年他认识到 Ampere 定律在动态电磁学中有待改正而且进一步考虑应该如何改正时, 是由简朴的数理分析而得, 而并非通过实验而得. 局部化的数理分析之威力, 在此已令人兴奋鼓舞! 但是其威力当然不仅仅止于此.

在上述局部化的数理分析之中, 用来用去就是 Stokes 定理, 其实, 这种局部化的最大好处是把原先各据一方的积分形式的定律, 转变成共聚于一堂的微分方程系, 以便于综合分析. 在 Maxwell 微分方程系的综合数理分析中, 下述 Stokes 定理的推论和深化又扮演着主要角色: 设 $\omega$ (或 $\hat{\omega}$) 是一个一次 (或二次) 形式, 则 $d\omega \equiv 0$ (或 $d\hat{\omega} \equiv 0$) 当然是 "它本身是一个全微分 (或另一个 $\omega'$ 的外微分)" 的必要条件. 但是一般来说, 上述简洁的必要条件并非充分. 可是运用 Stokes 定理再作深入探讨, 可以发现在定义域是拓扑平凡的情形 (如凸体), 上述必要条件也是充分条件, 即

$$d\omega \equiv 0 \Leftrightarrow 存在\, f 使得\, \omega = df;$$

$$d\hat{\omega} \equiv 0 \Leftrightarrow 存在\, \omega' 使得\, \hat{\omega} = d\omega'.$$

将上述简洁的结果改用向量场表述, 即为

$$\nabla \times \boldsymbol{F} \equiv \boldsymbol{0} \Leftrightarrow 存在\ f 使得\ \boldsymbol{F} = \nabla f;$$

$$\nabla \cdot \boldsymbol{H} \equiv 0 \Leftrightarrow 存在\ \boldsymbol{A} 使得\ \boldsymbol{H} = \nabla \times \boldsymbol{A}.$$

现在把它们用来对 Maxwell 方程系作数理分析:

由 $\nabla \cdot \boldsymbol{B} \equiv 0 \Rightarrow \exists \boldsymbol{A}$ 使得 $\boldsymbol{B} = \nabla \times \boldsymbol{A}$, 代入 (3) 式即有

$$\nabla \times \boldsymbol{E} = -\frac{\partial \boldsymbol{B}}{\partial t} = -\frac{\partial}{\partial t}(\nabla \times \boldsymbol{A}) = -\nabla \times \frac{\partial \boldsymbol{A}}{\partial t}$$

$$\Rightarrow \nabla \times \left(\boldsymbol{E} + \frac{\partial \boldsymbol{A}}{\partial t}\right) \equiv \boldsymbol{0} \Rightarrow \exists \varphi 使得 \boldsymbol{E} = -\nabla\varphi - \frac{\partial \boldsymbol{A}}{\partial t}.$$

注意到若把 $(\boldsymbol{A}, \varphi)$ 代以 $(\boldsymbol{A}', \varphi') = (\boldsymbol{A} + \nabla\psi, \varphi - \frac{\partial\psi}{\partial t})$, 则依然有

$$\boldsymbol{B} = \nabla \times \boldsymbol{A}', \boldsymbol{E} = -\nabla\varphi' - \frac{\partial \boldsymbol{A}'}{\partial t}.$$

上述代换叫做 Gauge 变换.

以 $\boldsymbol{B} = \nabla \times \boldsymbol{A}, \boldsymbol{E} = -\nabla\varphi - \frac{\partial \boldsymbol{A}}{\partial t}$ 代入 (1) 和 (4) 式, 即得

(1)$'$ $\nabla \cdot \boldsymbol{E} = -\nabla^2\varphi - \frac{\partial}{\partial t}\nabla \cdot \boldsymbol{A} = \frac{\rho}{\varepsilon_0}$;

(4)$'$ $c^2\nabla \times (\nabla \times \boldsymbol{A}) - \frac{\partial}{\partial t}(-\nabla\varphi - \frac{\partial \boldsymbol{A}}{\partial t})$

$\quad = \frac{\boldsymbol{j}}{\varepsilon_0} - c^2\nabla^2\boldsymbol{A} + c^2\nabla(\nabla \cdot \boldsymbol{A}) +$

$\quad\quad \frac{\partial}{\partial t}(\nabla\varphi + \frac{\partial \boldsymbol{A}}{\partial t}) = \frac{\boldsymbol{j}}{\varepsilon_0}.$

在此, 再用上述 Gauge 变换所提供的 "自由度", 可

以选取 $\boldsymbol{A}$ 使得 $\nabla \cdot \boldsymbol{A} + \dfrac{1}{c^2}\dfrac{\partial \varphi}{\partial t} = 0$. 则上述 $(1)'$ 和 $(4)'$ 就分别简化成:

$(1)'$   $\nabla^2 \varphi - \dfrac{1}{c^2}\dfrac{\partial^2 \varphi}{\partial t^2} = -\dfrac{\rho}{\varepsilon_0}$;

$(4)'$   $\nabla^2 \boldsymbol{A} - \dfrac{1}{c^2}\dfrac{\partial^2 \boldsymbol{A}}{\partial t^2} = -\dfrac{\boldsymbol{j}}{c^2 \varepsilon_0}$.

Maxwell 称上述 $(\varphi, \boldsymbol{A})$ 为向量位能 (vector potential), 它以上述波动方程为其特征性质, 这也是电场 $\boldsymbol{E}$ 和磁场 $\boldsymbol{B}$ 的返璞归真所得的精简本质. 上述向量位能 $(\varphi, \boldsymbol{A})$ 所满足的波动方程中的常数 $c^2 = \dfrac{1}{\mu_0 \varepsilon_0}$ 可以通过实验测量. 大约在 1862 年, 他发现由实验测得的 $\varepsilon_0$ 和 $\mu_0$ 计算而得的 $c^2$ 和光速平方几乎相同! 此事令他认识到光波和电磁波乃是一回事. 光学、电学和磁学在 Maxwell 的数理分析之下得到了完美地统一!

# 狭义相对论

自有牛顿力学以后的两百多年间, 人们深信自然定律应该在 Galileo 变换下保持不变. 但是上述 Maxwell 的电磁学基础理论却并非如此. 当年, 早期的反应是: 问题肯定出在 Maxwell 理论, 而不在于古典力学. 于是, 就试着把 Maxwell 方程 "改成" 在 Galileo 变换之下保持不变者. 并且用这种 "改变" 后的定律去推导某些 "新的电磁效应", 然后再设计实验去测试这种 "新效应" 是否真的出现. 但是这种实验探索的结果却是屡试皆空! 这也就是导致 Einstein 在 1905 年发表狭义相对论的时代背景. 它使得我们对于 "时空" (space-time) 的观念与认识有了彻底的改观.

## Michelson-Morley光速实验和Lorentz变换

在质疑 Maxwell 理论是否正确的诸多实验之中最为直接、简洁的实验, 首推 Michelson-Morley 的光速实验 (1887), 其装置大致如图 14 所示.

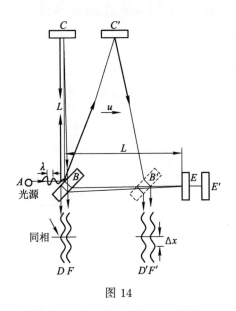

图 14

图中 $A$ 是光源, $B$ 是一片部分镀银的玻璃, $C$ 和 $E$ 是两片反射镜, 分别装在和 $B$ 等距的互相垂直的刚性支架上, 如图 14 所示, 半镀的玻璃片 $B$ 把来自 $A$ 的光线, 一部分反射向 $C$ 而一部分则透射向

$E$, 而分别由反射镜 $C$ 和 $E$ 反射回来的光线, 又有一部分透射和一部分反射. 因此就有这样两种途径相异的同波长光线, 又重新组合为一束. 假如光线由 $B$ 到 $E$ 再回到 $B$ 所需的时间与光线由 $B$ 到 $C$ 再回到 $B$ 所需的时间相同, 则图 14 中所示的 $D$ 和 $F$ 是同相 (in phase) 而亮度相加. 但是假如两者所需的时间有微小的差别, 则 $D$ 和 $F$ 就会有所不同相而产生干扰的现象. 当年 Michelson 和 Morley 把仪器的 $BE$ 方向置于和地球运动的方向相平行的方向, 则图 14 中所示的 $u$ 大约是 $30 \, \text{km/s}$. 设 $t_1, t_2$ 分别是光线由 $B$ 到 $E$ 和由 $E$ 回到 $B$ 所需的时间, 而 $t_3$ 则是光线由 $B$ 到 $C$(及由 $C$ 回到 $B$) 所需的时间. 以常理来计算 (以 $c$ 表示光速), 则有

$$ct_1 = L + ut_1, ct_2 = L - ut_2,$$

$$ct_1 = \sqrt{L^2 + (ut_3)^2}.$$

$$\Rightarrow t_1 + t_2 = \frac{\dfrac{2L}{c}}{1 - \dfrac{u^2}{c^2}}, 2t_3 = \frac{\dfrac{2L}{c}}{\sqrt{1 - \dfrac{u^2}{c^2}}}.$$

两者比较 $t_1 + t_2 = \dfrac{2t_3}{\sqrt{1 - \dfrac{u^2}{c^2}}} > t_3$, 所以理当观察得到干扰. 但是他们的实验却没能观察到任何干扰现象! 此事着实令人困惑费解! 难道是因为 $\overline{BE}$ 和 $\overline{BC}$ 的长度并非绝对等长所致? 但是他们把仪器转 $90°$ 来观察, 则两者的实际长度互换, 他们依然没能观察到任何干扰! 因此意识到肯定不是两者实际长度可

能有的微小差别所致. 总之, 上述光速实验一方面的确和以 "常理判断" 所作的计算相悖, 而另一方面却肯定了 Maxwell 理论的一个重要推论: "光速与光源是否移动无关, 它总是以同等速率向各方推进 (大约是 $3 \times 10^5$km/s)". 我们应该如何去理解这个和常理研判相悖的实验结果呢? 当年很多为之震撼困惑的物理学家要致力去突破它. 1895 年, H.A.Lorentz 提出了一个极为大胆的假设 (hypothesis) 来解释上述光速实验.

**Lorentz 压缩假说**  当一个物体沿着 $x$ 方向作等速率 $u$ 的运动时, 它在 $y, z$ 方向的度量不变, 但是它在 $x$ 方向的度量则做一个比值为 $\sqrt{1 - \dfrac{u^2}{c^2}}$ 的压缩. 例如一个半径为 $r$ 的钢球, 在上述等速运动之下, 它变形为一个椭圆体, 它在 $y, z$ 方向的直径依然是 $2r$, 但是在 $x$ 方向的直径则变成 $2r\sqrt{1 - \dfrac{u^2}{c^2}}$ (它彻底否定了刚体运动!).

诚然, 用这样一个极其大胆而且广泛的假设, 当然就可以立即解释 Michelson-Morley 的光速实验为什么观察不到任何干扰. 因为在这个假设之下, $\overline{BC}$ 的长度依然是 $L$ 而 $\overline{BE}$ 的长度则已压缩成 $L\sqrt{1 - \dfrac{u^2}{c^2}}$. 所以就有

$$t_1 + t_2 = \frac{\dfrac{2L}{c}\sqrt{1 - \dfrac{u^2}{c^2}}}{1 - \dfrac{u^2}{c^2}} = \frac{\dfrac{2L}{c}}{\sqrt{1 - \dfrac{u^2}{c^2}}} = 2t_3.$$

但是用这样一个假设去解释上述实验岂不是用一种更加广泛而且和直观常识相悖的假设去解释上述按常理所作的预测相悖的实验结果? Lorentz 本人当然更加深切地体会到这一点, 而且在提出上述假设之前已作了大量的推敲和思考. 如今回顾, 他之所以提出如此大胆而且极其广泛的假设大概是他在某种程度上已认识到 "舍此别无他途"! 除了上述光速实验之外, 是否还有其他各种各样电磁效应的实验结果也可以用上述假设来加以解释呢? 至少是不相矛盾的亦即相容的才行. 总之, 这都是当年 Lorentz 致力深究的问题, 由此, 自然地促使他发现 Maxwell 方程在下述变换之下是保持不变的, 即 Lorentz 变换

$$
\begin{cases}
x' = \dfrac{x - ut}{\sqrt{1 - \dfrac{u^2}{c^2}}}, \\[4mm]
y' = y, \\[2mm]
z' = z, \\[2mm]
t' = \dfrac{t - \dfrac{ux}{c^2}}{\sqrt{1 - \dfrac{u^2}{c^2}}}.
\end{cases}
$$

它明确了电磁学基本定律的相对性乃是在上述 Lorentz 变换之下的不变性.

### 时空概念的革新 (Einstein, 1905)

当年, Einstein, Lorentz 和 Poincaré 都致力于探索物理定律的相对性 (the relativity of physical laws)

这个基本问题的深刻内涵和远大影响. 但是, 只有 Einstein 充分认识到必须要从彻底澄清我们对于时空的认识做起,因为时空概念是所有物理现象和定律的基础所在.唯有返璞归真地彻底做好这个奠基工程, "相对性" 才能克竟其功.1905 年他在《物理学年刊》(*Annalen der Physik*) (vol 17) 发表了研究文章 "Zur Elektrodynamik be wegter Körper", 其中在 "the kinematical" 部分对于时空概念给以如下论述.

同时性的定义

运动学 (kinematics) 乃是动态的解析几何, 其基本结构就是 "时空" 的自然组合 (the structure of space-time). 通常用四个参变数 $\{x, y, z, t\}$ 表示一事件发生的位置和时间, 所以我们可以把 $\{x, y, z, t\}$ 想成一个事件 (event) 的坐标 (coordinates), 而 "时空"(space-time) 本身其实也就是所有可能事件的总体 (the totality of all possible events). 假如略去时间不计, 则 $(x, y, z)$ 所表达的就是空间的一个位置 (location), 而空间本身也就是所有可能的位置之总体. 用数学形式表示, 即

$$\text{时间} \longrightarrow \text{时空} \overset{\pi}{\longrightarrow} \text{空间}$$

$$\updownarrow \cong \qquad\qquad \updownarrow \cong \qquad\qquad \updownarrow \cong$$

$$\mathbb{R} = \{t\} \in \mathbb{R} \qquad \mathbb{R}^4 \qquad \mathbb{R}^3 = \{(x, y, z); x, y, z \in \mathbb{R}\}$$

其中 $\pi$ 乃是由 "时空" 到 "空间" 的投影. 给定一点 $P = (x, y, z)$, 则 $\pi^{-1}(P) \cong (t \in \mathbb{R})$ 所表示的就是在 $P$ 点的局部时间 (local time at $P$). 由此可见, 上述时空总体是如今称为纤维丛的一个重要实例, 其基

底空间 (base space) 就是空间, 而纤维 (fibers) 就是各点的局部时间, 所以是一个 $\mathbb{R}^1$–bundle. 总之, 若要把空间的坐标系和时间参数妥加组合来构造时空的坐标系, 其要点在于要妥加选取由空间映射到时空的一个横截 (cross-section), 亦即

$$s : \text{空间} \to \text{时空}, \ \pi \cdot s = Id.$$

然后把 $s(P)$ 取定为 $P$ 点局部时间的起计点, 这样就可以定义全空间统一通用的时间参数 $t$; 从而 $(x, y, z, t)$ 也就构成了时空的一个全局坐标系. 从运动学的观点来看, 这样一个横截的妥加选取也就是同时性的妥加定义.

在我们生存于其中的大自然内, 光 (亦即电磁波) 的存在提供了空间不同位置之间互通信息的最自然也是最简洁快速的工具, 而且它的速度乃是一个大自然本质性的常量 (Michelson-Morley 实验). 由此不难想到, 从物理学的观点来看, 同时性的最自然的定义应该就是 Einstein 在论文第 1 节所给出的那样, 兹叙述如下:

令 $t_A$ 表示 $A$ 点的局部时间, 设在时间 $t_A$ 由 $A$ 点射向 $B$ 点到达的局部时间为 $t_B$, 而且由 $B$ 点反射回 $A$ 点到达的局部时间是 $t_{A'}$, 则 $A, B$ 两点的局部时间满足 "同时性"(synchronize) 的检验条件是

$$t_B - t_A = t_{A'} - t_B (\text{即} \ t_B = \frac{1}{2}(t_A + t_{A'})).$$

我们将假设可以把全空间各处的局部时间统一地调成满足上述同时性者.

有鉴于光速 $c$ 乃是一个大自然本质性的常量 (an intrinsic constant of the universe)

$$\frac{2\overline{AB}}{t_{A'} - t_A} = c.$$

其实, 我们不妨把 $A$ 点取成空间坐标系的原点 $O$, 而且把 $t_A$ 取成 0, 则

$$t_B = \frac{1}{2}(t_{O'}) = \frac{1}{c}\overline{OB} = \frac{1}{c}\sqrt{x^2 + y^2 + z^2},$$

即由原点局部时间为 0 开始传向各方的球面电磁波 (spherical wave), 它到达 $(x, y, z)$ 一点的局部时间为 $\frac{1}{c}\sqrt{x^2 + y^2 + z^2}$, 这就是全空间各处的局部时间都满足同时性的充要条件. Einstein 把满足这种同时性的全局时间参数叫作 "the time of the stationary system".

长度和时间的相对性与时空的坐标变换

由于像 Michelson-Morley 的光速实验以及其他试图 "发现" 地球和 "假想中绝对静止的空间"(the idea of absolute rest) 之间的相对运动的各种各样实验都是不成功的, 从而促使 Einstein 和当代一些物理学家认识到下述两个基本原理:

**Principle of relativity(相对性原理)**   The laws by which the states of physical systems undergo change are not affected, whether these changes of state be referred to the one or the other of two systems of coordinates of uniform translatory motion.

**Principle of the constancy of the velocity of light**(光速恒常原理)  Any ray of light moves in the "stationary" system of coordinates with the determined velocity $c$, whether the ray be emitted by a stationary or by a moving body,

$$velocity = light\ path/time\ interval$$

where time interval is to be taken relative to synchronized local times.

基于上述两个原理, Einstein 在论文中就推导得出 Lorentz 的压缩假设和 Lorentz 变换. 兹简述其要, 设 $(x, y, z, t)$ 和 $(\xi, \eta, \zeta, \tau)$ 分别是按如前所述那样建立的时空坐标系, 所用的量杆 (measuring rod) 和计时器 (clocks) 完全相同, 而且其正交标架互相平行, 两者唯一的差别在于后者的原点相对于前者的原点作一个在 $x$ 方向的等速 $v$ 的运动. 当 $(x, y, z, t)$ 和 $(\xi, \eta, \zeta, \tau)$ 分别表示同一事件 (event) 在上述两个坐标系中的坐标时, 我们要求的坐标变换公式也就是两者之间的关系.

令 $x' = x - vt$, 则对于一个在 "后者" 静立不动者的 $x', y, z$ 之值和 $t$ 无关, 而其 $\tau$ 之值则是 $x', y, z$ 和 $t$ 的函数, 它其实就是对于后者而言的 "time of the stationary system". 由同时性的检验法则和光速恒常原理, 即有

$$\frac{1}{2}[\tau(0,0,0,t) + \tau(0,0,0,t + \frac{x'}{c-v} + \frac{x'}{c+v})]$$
$$= \tau(x',0,0,t + \frac{x'}{c-v}),$$

将上式对于 $x'$ 求导数得

$$\frac{1}{2}\left(\frac{1}{c-v} + \frac{1}{c+v}\right)\frac{\partial \tau}{\partial t} = \frac{\partial \tau}{\partial x'} + \frac{1}{c-v}\frac{\partial \tau}{\partial t},$$

即

$$\frac{\partial \tau}{\partial x'} + \frac{v}{c^2 - v^2}\frac{\partial \tau}{\partial t} = 0.$$

再者, 沿着后者的 $y, z$ 方向的光线, 由前者的观点来看, 其速率恒等于 $\sqrt{c^2 - v^2}$, 由此易见

$$\frac{\partial \tau}{\partial y} = 0, \frac{\partial \tau}{\partial z} = 0.$$

因为 $\tau$ 是 $\{x', y, z, t\}$ 的线性函数, 不妨设 $\tau$ 在 $t = 0$ 时为 0, 则有 $\tau = a(t - \frac{v}{c^2 - v^2}x')$, 其中 $a$ 是一个仅仅依赖于 $v$ 的待定函数.

现在只要对于后者运用相对性原理和光速恒常律, 即有

$$\xi = c\tau = ac(t - \frac{v}{c^2 - v^2}x'), t = \frac{x'}{c - v}$$

$$\Rightarrow \xi = a\frac{c^2}{c^2 - v^2}x',$$

同理亦有

$$\eta = c\tau = ac(t - \frac{v}{c^2 - v^2}x'), x' = 0,$$

$$t = \frac{y}{\sqrt{c^2 - v^2}} \Rightarrow \eta = a\frac{c}{\sqrt{c^2 - v^2}}y$$

和

$$\zeta = a\frac{c}{\sqrt{c^2 - v^2}}z.$$

总结上述计算, 即得下述坐标变换公式:

$$\begin{cases} \xi = \phi(v)\dfrac{x - vt}{\sqrt{1 - \dfrac{v^2}{c^2}}}, \\[2ex] \eta = \phi(v)y, \\[1ex] \zeta = \phi(v)z, \\[1ex] \tau = \phi(v)\dfrac{t - \dfrac{vx}{c^2}}{\sqrt{1 - \dfrac{v^2}{c^2}}}. \end{cases}$$

把上述变换式和 Lorentz 变换相对比, 其所差者就是公式之右侧都多乘了一个 $\phi(v)$, 所以我们接着所要论证的是 $\phi(v)$ 恒等于 1. 由假设后者对于前者的相对速度是 $v$, 易见前者对于后者的相对速度就是 $-v$, 则同理可得坐标变换式:

$$\begin{cases} x = \phi(-v)\dfrac{\xi + v\tau}{\sqrt{1 - \dfrac{v^2}{c^2}}}, \\[2ex] y = \phi(-v)\eta, \\[1ex] z = \phi(-v)\zeta, \\[1ex] t = \phi(-v)\dfrac{\tau + \dfrac{v\xi}{c^2}}{\sqrt{1 - \dfrac{v^2}{c^2}}}. \end{cases}$$

由此即得 $\phi(v)\phi(-v) = 1$, 又变换式 $\eta = \phi(v)y$ 的物理意义是一个位于 $\eta$ 轴上的直杆在前者的观点之下长度的放大或缩小率等于 $\phi(v)$. 因此, 由对称性可见 $\phi(-v) = \phi(v)$, 这也就证明了 $\phi(v)$ 恒等于 1.

如何利用上述坐标变换来理解长度和时间的相对性呢? 我们不妨把前者叫作静态坐标系 (stationary system), 而把后者叫作动态坐标系 (moving system), 其相对运动是一个 $x$ 轴方向的 $u$-等速平移, 上述坐标变换 (即 Lorentz 变换) 的物理意义是:

(1) 当一个物体随着动态坐标系作 $u$-等速运动时, 它在 $x$ 轴方向的长度作了 $\sqrt{1 - \dfrac{u^2}{c^2}}$ 倍的压缩, 而在 $y$ 轴和 $z$ 轴方向则保持不变, 这也就是早些时候 Lorentz 所提出的压缩假设 (Lorentz contraction).

(2) 一个随着动态坐标系作 $u$-等速运动的计时器, 它要比原先静止状态的计时慢了 $\dfrac{1}{\sqrt{1 - \dfrac{u^2}{c^2}}}$ 倍, 即

$$\tau = \frac{1}{\sqrt{1 - \dfrac{u^2}{c^2}}}\left(t - \frac{ux}{c^2}\right) = t\sqrt{1 - \frac{u^2}{c^2}}.$$

同样, 也可以来理解速度的相对性. 有了坐标变换公式, 就可以直截了当地计算同一个运动在上述两个坐标系之中的速度向量之间的关系式. 设它们分别为 $(v_\xi, v_\eta, v_\zeta)$ 和 $(v_x, v_y, v_z)$ 即有

$$\begin{cases} v_x = \dfrac{u + v_\xi}{1 + \dfrac{u v_\xi}{c^2}}, \\[3mm] v_y = v_\eta \sqrt{1 - \dfrac{u^2}{c^2}}, \\[3mm] v_z = v_\zeta \sqrt{1 - \dfrac{u^2}{c^2}}. \end{cases}$$

总之, 当年在这方面的认知过程可以总结如下, Lorentz 是由 Michelson-Morley 的光速实验, 促使他提出他的压缩假设, 然后再进而发现电磁学基本定律在 Lorentz 变换之下的不变性 (invariance). 而 Einstein 在 1905 的文章中则是先对极为基本的时空概念作一次彻底澄清的工作, 然后把 Michelson-Morley 的光速实验以及其他各种各样对于同一基本问题探索的实验结果, 提炼成两个原理, 即相对性原理和光速恒常原理, 再用它们去推导两个做相对等速运动的 "时空坐标系" 间的坐标变换公式, 它就是 Lorentz 变换. Lorentz 变换实际上表现出时空的相对性. 由此可见, Einstein 是对当年 Lorentz 所得的认知, 做更加返璞归真、精益求精的研讨, 把 Lorentz 在电磁学上的认知, 精简成更加基本简朴的新时空观. 由此再去探讨究竟应该如何改正牛顿力学, 使得力学定律也满足相对性原理和光速恒常原理, 则已是水到渠成的事, 这就是我们接着要简述其要的狭义相对论.

## 力学的相对化

首先, 古典力学与上述相对性原理是不相容的 (incompatible). 例如在相对性原理之下, 根本没有刚体运动! 所以在相对性原理和光速恒常原理这两个 "信念" 的驱使下, 我们必须对于古典力学的基本定律作适当的改正, 使得它们也满足上述两个由电磁效应种种实验证实的令人不得不信的原理 (principles). 这种适当加以改正的 "新力学"(new mechanics) 也就是在一百年前 Einstein 所创的狭义相对论. 可以说, 狭义相对论就是力学的相对化 (the relativity of mechanics).

其次, 在讨论如何把力学的基本概念和定律 "相对化" 之前, 让我们再对前面的讨论作一回顾与概括:

理性文明 (civilization of rational mind) 对于大自然的本质和规律的探索与认知, 大体上有下述几个层面.

(1) 几何学 (geometry): 研究空间的本质与基本性质, 例如位置、线段、长度及对称性、平直性、连续性等等, 其中空间的保长变换群 (亦称之为欧氏群) 表达了空间的相对性 (the relativity of space), 亦即空间的对称性.

(2) 运动学 (kinematics): 研究 "时空" 的本质和动态的几何学. 而前述 Lorentz 变换表达了时空的相对性 (the relativity of space-time).

(3) 力学 (mechanics): 研究各种物体或体系在各种 "力" 的作用下的运动, 其范畴广阔, 深远. 在狭义相对论产生之前, 已有两百多年的蓬勃发展, 硕果丰盛, 博大精深. 但研究的往往都是速度远小于光速的体系, 在速度并非远小于光速的情形, 其基本定律还有待改正.

(4) 电磁学 (electro-magnetism): 在上一部分中, 我们对电磁学的基础理论有一个概括的介绍. 如今反思, 正是由于电磁学的深入研究, 才使得人们认识到电磁效应的相对性是相对于 Lorentz 变换而不是相对于 Galileo 变换 (而且, 作为一切物理现象根本的 "时空", 其相对性也是相对于 Lorentz 变换!). 这样才进一步促使我们认识到古典力学有待改正. 由此, 狭义相对论的发现已是水到渠成.

在对古典力学作适当的改正前, 应该注意到以下几点:

时空结构和运动学是力学的基层结构. 大体上来说, 力 (force) 是使得物体运动有所改变的原由, 而古典力学中的惯性定律和第二定律则是将这种因果关系明确化和数量化的基本定律.

在时空概念之外, 质量 (mass) 和动量 (momentum) 是力学中两个基本的概念. 在古典力学中, 质量在运动之下保持不变是一个基本假设, 而一个不受 "外力" 作用的体系的动量守恒则是一条极为重要的定律. 再者, 不难用质量守恒和 Galileo 相对性去导出动量守恒律 (law of conservation of momentum), 而且第二定律的原始叙述为

$$\boldsymbol{F} = \frac{\mathrm{d}}{\mathrm{d}t}(m\boldsymbol{v}) = \frac{\mathrm{d}}{\mathrm{d}t}\boldsymbol{p},$$

即 "力" 是 "动量" 对于时间的变化率. 由于假设 $m$ 在运动之下保持不变, 则可以改写成

$$\boldsymbol{F} = m(\frac{\mathrm{d}}{\mathrm{d}t}\boldsymbol{v}) = m\boldsymbol{a}.$$

因为力学的基层结构——时空的相对性要从 Galileo 相对性改正为 Lorentz 相对性, 所以力学的基本量和基本定律当然也必须作相应的改正. 为此, 重新认识质量和动量这两个密切相关的力学基本量

自然就是关键所在. 在古典力学中, 动量和速度是同向的两个向量, 其相关的常量比值就是质量, 亦即 $\boldsymbol{p} = m\boldsymbol{v}$. 在我们所要探索的 "相对论力学" 之中, 动量和速度当然也应该是同向的两个向量, 而两者之间的相关比值也应该就是"质量", 只不过质量本身不再是一个和速度无关的常数, 亦即

$$\boldsymbol{p} = m_v \boldsymbol{v},$$

其中 $m_v$ 究竟如何和 $v = |\boldsymbol{v}|$ 相关, 那就是我们所要探索的关键所在!

有鉴于动量守恒律在力学中的重要性, 我们当然希望它在所要探索的相对论力学中依然成立.

在认识到上述几点的基础上, 我们去作下述问题的数理分析, 即 "是否能够用动量守恒律和 Lorentz 相对性去推导出质量 $m_v$ 的公式呢?"

令人惊喜的是经过数理分析可得下述 Einstein 质量公式

$$m_v = \frac{m_0}{\sqrt{1 - \dfrac{v^2}{c^2}}}.$$

这其实就是从古典力学到相对论力学唯一所要更改的量!

上述公式的推导, 可参看 *Feynman Lectures* (vol I) 16-4 节. 在此, 简述其要点如下:

令 $\boldsymbol{p} = m_v \boldsymbol{v}$ (动量), 我们将从动量守恒律和 Lorentz 相对性去推导上述 $m_v$ 的公式. 设想有两个相同的质点, 例如两个质子 (proton) 以相同的速率作弹性对撞, 它们的总动量在相撞之前是 0, 由假设

动量守恒, 相撞以后的总动量也必须是 0, 所以这种
弹性对撞如图 15 所示.

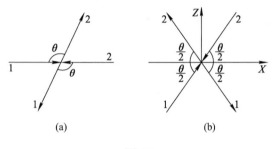

(a)　　　　　　(b)

图 15

现在用两个如下选取的时空坐标系来分析上述
弹性对撞:

其一, $(x', y', z', t')$ 是随着质点 1 作平移者,

其二, $(x'', y'', z'', t'')$ 是随着质点 2 作平移者, 则
上述弹性对撞之图解分别如图 16 所示.

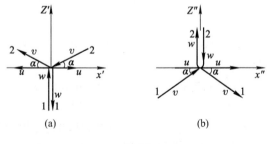

(a)　　　　　　(b)

图 16

其中 $u$ 和 $u \tan\alpha$ 分别是 $v$ 的水平和垂直的分量.

由速度的相对性得知

$$u\tan\alpha = w\sqrt{1 - \frac{u^2}{c^2}}.$$

所以在 $(x'', y'', z'', t'')$ 中斜向移动的质点 1 在垂直方向的动量改变是

$$\Delta p' = -2m_v u\tan\alpha = -2m_v w\sqrt{1 - \frac{u^2}{c^2}},$$

而上下移动的质点 2 在垂直方向的动量改变则是

$$\Delta p = 2m_w w.$$

因此, 由假设动量守恒律的 "不变性", 有

$$\Delta p' + \Delta p = 0 \Rightarrow \frac{m_w}{m_v} = \sqrt{1 - \frac{u^2}{c^2}}.$$

在 $w$ 是非常小的情形, 显然 $v$ 和 $u$ 实质是相等的, 而 $m_w \to m_0, m_u \to m_v$, 由此推导而得

$$\frac{m_0}{m_v} = \sqrt{1 - \frac{u^2}{c^2}} \Leftrightarrow m_v = \frac{m_0}{\sqrt{1 - \frac{v^2}{c^2}}}.$$

注意到, 由上式和勾股公式 $v = \sqrt{u^2 + w^2(1 - u^2/c^2)}$ 亦可推导出

$$\frac{m_w}{m_v} = \sqrt{1 - \frac{u^2}{c^2}}.$$

总之, 上述数理分析其实是相当简朴的, 但是所得的质量公式不但建立起了保持动量守恒律的 "相对论力学", 而且还启示 Einstein 认识到质量和能量之间存在令人惊奇不已的关系式.

由新认识的力学体系反观 (in retrospect) 原先熟知的古典力学, 可见古典力学是在 $\frac{v}{c}$ 非常微小的情形的逼近和简化, 而狭义相对论则是在一般情形 (亦即 $\frac{v}{c}$ 并非很小者) 的明确描述. 例如在 $\frac{v}{c}$ 非常小的情形有

$$m_v = m_0(1 - \frac{v^2}{c^2})^{-\frac{1}{2}} = m_0(1 + \frac{1}{2}\frac{v^2}{c^2} + \frac{3}{8}\frac{v^4}{c^4} + \cdots),$$

可见

$$m_v c^2 = m_0 c^2 + \frac{1}{2}m_0 v^2 \text{ (略去高阶微量)}.$$

即古典力学中的动能 $\frac{1}{2}m_0 v^2$ 是 $m_v c^2 - m_0 c^2$ 的一个相当精确的近似值. 上述比较分析启示了 Einstein, 使他认识到应该把 $m_v c^2$ 本身看成该动态物体所含有的总能量 (total energy content), 而 $m_0 c^2$ 则是静态物体所含有的能量, 他用下述公式

$$E = mc^2 \text{ (Einstein 公式)}$$

表述这个伟大的创见, 从而使质量和能量这两个基本量得到了统一!

# 六、大域几何、纤维丛与
# 近代物理

　　大体上来说, 在几何学的研究中, 我们所要研究探索的是精简扼要的几何事物 (如直线、平面、三角形、圆、球、平行体等) 和几何性质 (如连续性、对称性和平直性等) 以及两者之间的交互作用. 在各种各样的几何性质之中, 又可以概括地分为局部性质和大域 (或整体) 性质, 例如一条曲线在其各点的曲率, 空间中一片曲面在各点的一对主曲率是局部性质. 而一条曲线的长度, 一片曲面的面积则是大域 (或整体) 性质. 概括地说, 大域几何所研究的是在某一类几何事物中, 其各处的局部性质和其本身的大域 (或整体) 性质之间的相互联系. 例如在第四部分古典力学的几何化中自然出现的测地线的大域几何 (亦即 Jacobi-Morse 定理). Gauss-Bonnet 定理, Cartan-Hadamard 定理, Hopf-Rinow 定理等都是这方面简朴的实例与成果. 总的来说, 大域几何的研究起始于 19 世纪的曲线、曲面论. 至 20 世纪初叶, 基于早先 Jacobi、Riemann、Ricci 等的奠基性工作, Cartan、Poincaré 等的开创性工作和广义相对论的促进, 大域几何的研究与开展已成水到渠成之势. 在 20 世纪中叶, 大域几何在代数拓扑, 微分拓扑, 微分几何, 李群与李变换群, 代数几何与纤维丛等各方面都蓬勃发展, 成果丰硕, 影响深远. 其中纤维丛 (fiber bundle) 在大域几何和近代物理中所扮演的角色, 尤为卓著. 在此将仅仅对于同调与上同调 (homology & cohomology) 和纤维丛及其示性类 (characteristic classes) 作一概括介绍, 并谈谈它们和近代物理的联系.

# de Rham 上同调与同调论简介

在第五部分中已指出多元积分 $\int_\Sigma \omega$ 可以想象成一个 $k$ 维的几何事物和 $k$ 次的解析事物之间的相互配对所产生的结果. 若采用线性代数中两个互相对偶的向量空间 $V$ 和 $V^*$ 之间的对偶配对 (Duality Pairing) 所用的符号, 把 $\int_\Sigma \omega$ 改用 $\langle \Sigma, \omega \rangle$ 来表示之, 则重要的 Stokes 定理就可以改述为

$$\langle \partial\Omega, \omega \rangle = \langle \Omega, \mathrm{d}\omega \rangle$$

对于所有 $k$ 次形式 $\omega$ 和 $(k+1)$ 维分片可微的曲面 $\Omega$ 皆成立. 上述等式可以想成: 外微分运算 "d" 和求边界运算 "$\partial$" 是上述对偶关系下的 "互为伴随线性算子"(adjoint linear operator of each other), 前者具有的性质 $\mathrm{d}^2\omega \equiv 0$ 对应后者就是 $\partial^2\Omega \equiv \varnothing$ (空集).

由此易见, $\mathrm{d}\omega \equiv 0$ 显然是 "$\omega$ 为另一个低一次的 $\omega'$ 的外微分" 的必要条件 (即若有 $\omega'$ 使得 $\omega = \mathrm{d}\omega'$, 则 $\mathrm{d}\omega = \mathrm{d}^2\omega' = 0$). 但是一般来说, 上述必要条件

并非充分, 为此先对 $\omega$ 是一次形式的情况作一分析.

不妨设一次形式 $\omega$ 的定义域 $M$ 是一个连通的开域, 即其中任给两点皆有分段可微的曲线联结于其间. 设 $\omega$ 是 $M$ 上的一个可微函数 $f$ 的全微分, 即 $\omega = \mathrm{d}f$, 则有

$$\int_\gamma \omega = \int_\gamma \mathrm{d}f = f(\gamma(b)) - f(\gamma(a)) \quad (\text{微积分基本定理}),$$

其中 $\gamma(a), \gamma(b)$ 是 $\gamma$ 的始、终点, 即线积分 $\int_\gamma \omega$ 仅仅和 $\gamma$ 的端点有关. 若 $\gamma_1$ 和 $\gamma_2$ 是两条具有相同的始、终点的曲线, 则 $\gamma_1$ 和 $\gamma_2$ 的逆向就组合成一条闭曲线. 上述 "线积分 $\int_\gamma \omega$ 仅仅和曲线 $\gamma$ 的始、终点有关" 这个条件显然等价于 "$\omega$ 在闭曲线上的线积分恒等于 0". 其实, 它也是 $\omega$ 为全微分的充分必要条件 (设 $\omega$ 的线积分仅仅由曲线 $\gamma$ 的始、终点所确定, 在 $M$ 中选定一个基点 $p_0$, 令 $f(p) = \int_\gamma \omega$, 其中 $\gamma$ 是任给一条以 $p_0$ 和 $p$ 为其始、终点者, 则容易验证 $\mathrm{d}f = \omega$).

若在 $M$ 中任给一条闭曲线 $\gamma$, 都有一个 $M$ 中的分片可微的曲面 $\Sigma$, 使得 $\gamma = \partial\Sigma$, 则由 Stokes 定理和 $\mathrm{d}\omega = 0$ 就可证

$$\int_\gamma \omega = \int_\Sigma \mathrm{d}\omega = 0.$$

综合上述分析可得: 在 $\omega$ 的定义域满足上述拓扑性质时, $\mathrm{d}\omega = 0$ 已构成 $\omega$ 是一个全微分的充要条

件. 其实, 在此也自然可以作下述 "逆向思维", 即设 $M$ 上具有某些 $\mathrm{d}\omega = 0$ 的一次形式 $\omega$, 它们并不是全微分, 则 $M$ 中必然有某些闭曲线, 它们不可能是 $M$ 中的一个分片可微的曲面的边界. 把这个认识再稍加分析, 就自然地引导我们给出下述定义:

令 $\Omega^1(M), Z^1(M)$ 和 $B^1(M)$ 分别是由 $M$ 上的可微一次形式, 其外微分为 0 的一次形式和全微分所组成的线性空间, 显然有 $Z^1(M) \supseteq B^1(M)$, 于是定义 $H^1_{DR}(M) \stackrel{\text{def}}{=} Z^1(M)/B^1(M)$, 称之为 $M$ 的一维上同调群 (de Rham cohomology group). 它是关于 $M$ 的某种拓扑性质的量化描述.

同样地, 把这种想法推广到高维, 即有下述高维上同调群的定义:

令 $\Omega^k(M), Z^k(M)$ 和 $B^k(M)$ 分别是由 $M$ 上的可微 $k$ 次形式, 其外微分为 0 的 $k$ 次形式和某个可微 $(k-1)$ 次形式的外微分所组成的线性空间, 即

$$Z^k(M) = \{\omega \in \Omega^k(M); \mathrm{d}\omega = 0\},$$

$$B^k(M) = \{\mathrm{d}\omega'; \omega' \in \Omega^{k-1}(M)\}.$$

则 $H^k_{DR}(M)$ 定义为商空间 $Z^k(M)/B^k(M)$.

对 $k = 0$ 的特殊情形, 有 $H^0(M) = Z^0(M) = \{$在$M$的各个连通区分别取定值的函数$\}$.

由于上述 $H^k_{DR}(M)$ 中的元素乃是 $Z^k(M)$ 中的元素的等价类, 两个外微分为 0 的 $\omega^1$ 和 $\omega^2$ 的等价条件就是存在 $\omega' \in \Omega^{k-1}(M)$ 使得 $\omega_1 - \omega_2 = \mathrm{d}\omega'$. 有鉴于可微 $k$ 次形式和 $k$ 维分片可微曲面之间自然

的对偶配对, 自然也可以对后者妥加组织, 从而定义其相应的对偶事物. 具体做法如下:

对积分 $\int_{\Sigma} \omega$ 中的分片可微曲面 $\Sigma$, 每一片都给以定向, 而且其中相邻的两片 $\Sigma_1$ 和 $\Sigma_2$ 在其共同边界上诱导相反的的定向 (其几何意义就是 $\Sigma_1$ 和 $\Sigma_2$ 分居于共同边界之两侧). 为叙述简明起见, 我们可以把这样一片定向的可微曲面正规化为下述从定向的 $k$ 维单形 (k-simplex) $\Delta_k = \{(t_1, \cdots, t_k), 0 \leqslant t_i \leqslant 1, 0 \leqslant \sum t_i \leqslant 1\}$ 到 $M$ 中的一个可微映射: $\sigma : \Delta_k \to M$, 简称为 $M$ 中的一个奇异 $k$ 维单形 (singular k-simplex), 在 $k = 1$ 的情形, 它就是一段可微曲线.

令 $C_k(M)$ 为由所有 $M$ 中有向奇异 $k$ 维单形的实系数线性组合 ($\sigma$ 的逆向是 $-\sigma$) 构成的向量空间, 称为 $M$ 上的 $k$ 维链群 (chain group). 对于一个奇异 $k$ 维单形 $\sigma$, 它限制在其边界之上的映像是 $(k+1)$ 个有向奇异 $(k-1)$ 维单形的线性组合, 即 $\partial \sigma \in C_{k-1}(M)$. 把上述对各个 $\sigma$ 定义的 $\partial$ 线性扩张, 即得 $C_k(M) \xrightarrow{\partial} C_{k-1}(M)$. 例如在 $k = 1$ 的情形, 一个分段可微的闭曲线在上述代数表达之下, 就是 $C_1(M)$ 中的一个元素 $c$, 且满足 $\partial c = 0$. 令 $Z_k(M) = \{c \in C_k(M); \partial c = 0\}$, $B_k(M) = \{\partial c'; c' \in C_{k+1}(M)\}$, 易见 $B_k(M) \subseteq Z_k(M)$. 定义 $H_k(M) = Z_k(M)/B_k(M)$, 称为 $M$ 的 $k$ 维奇异同调群.

设 $c = \sum \lambda_i \sigma_i \in Z_k(M), \omega \in Z^k(M)$, 定义 $\langle c, \omega \rangle \equiv \sum \lambda_i \langle \sigma_i, \omega \rangle, \langle \sigma_i, \omega \rangle = \int_{\sigma_i} \omega$, 若 $c \in B_k(M)$

或 $\omega \in B^k(M)$, 则恒有 $\langle c, \omega \rangle = 0$, 即

$$\langle \partial c', \omega \rangle = \sum \lambda_i' \langle \partial \sigma_i', \omega \rangle = \sum \lambda_i' \langle \sigma_i', d\omega \rangle = 0.$$

$$\langle c, d\omega' \rangle = \sum \lambda_i \langle \sigma_i, d\omega' \rangle$$
$$= \sum \lambda_i \langle \partial \sigma_i, \omega' \rangle = \langle \partial c, \omega' \rangle = 0.$$

由此可顺理成章地得到 $H_k(M)$ 和 $H^k(M)$ 之间的对偶配对.

以上只是对于 de Rham 上同调和奇异同调的出处和自然的对偶关系作了简单介绍. 它们是多元积分和 Stokes 定理的自然推论和拓展.

# 纤维丛及其示性类理论简介

在大域几何和近代物理的研究中, 纤维丛是一种自然出现的基本结构, 而这种结构的基础理论则是不可缺少的基本工具, 尤其是其中的示性类理论 (theory of characteristic classes). 在此仅作一简要的介绍.

### 纤维丛的几个范例

**例 (A)** 在狭义相对论的讨论中, 我们已指出时空之总体是以空间为基底空间 (base space) 的 $\mathbb{R}^1$-丛, 即 $\pi: E(时空) \to V(空间)$, 其中对空间的每点 $p$, $\pi^{-1}(p) \cong \mathbb{R}^1$ 是 $p$ 点的局部时间. 在 Einstein 当年对时空的本质作返璞归真的深思时, 所得的深刻认识可以用纤维丛的术语改述如下:

(1) 在 $E$ 上有一个自然的 $\mathbb{R}^1$ 自由作用 (free $\mathbb{R}^1$-action): $\mathbb{R}^1 \times E \xrightarrow{\Phi} E$, $\Phi(t,e)$ 比 $e$ 的局部时间多加了 $t$, 而两者位置相同 (中文里常用成语 "时光流逝", 它的现代数理表述也就是上述 $\mathbb{R}^1$ 作用, 亦即时空上的时间流 (flow of time)).

(2) $V$ 到 $E$ 的可微映射 $s : V \to E$, 若满足 $\pi \cdot s = Id_V$, 则称 $s$ 为 $E \xrightarrow{\pi} V$ 的一个横截 (cross-section). 其实质意义是一种 $E$ 上的全局时间起计点的取法. 将取定的 $s$ 和 $\Phi$ 相结合, 即得下述时空的卡积结构 (product structure), 即 $\mathbb{R}^1 \times V \xrightarrow{\cong} E, (t,v) \mapsto \Phi(t, s(v))$.

(3) Einstein 狭义相对论的重要起点就是瞬时性的妥加定义, 这也就是上述横截 $s : V \to E$ 和卡积结构 $E \cong \mathbb{R}^1 \times V$ 的妥加选取. 在这种妥加选取的卡积结构之下, 时空的保构变换群 (亦即相对性) 就是 Lorentz 变换群. 从而认识到 Lorentz 变换群是一切物理定律的相对性, 因为时空当然是一切物理现象的根本与基础所在.

**例 (B)** 让我们先介绍一下变换群的一些术语与符号, 下述三者是同一事物的三种表达方式: $G$ 是 $X$ 上的一个左 (或右) 变换群; $X$ 是一个左 (或右) $G$ 空间; $X$ 上的一个左 (或右) $G$ 作用 (G-action), 即给定 $G \times X \to X$ (或 $X \times G \to X$)

$$(g,x) \mapsto g \cdot x \text{ (或 } (x,g) \mapsto x \cdot g)$$

满足变换条件式: $e \cdot x = x$ (或 $x \cdot e = x$) (其中 $e$ 为 $G$ 的单位元) 和 $g_1 \cdot (g_2 \cdot x) = (g_1 \cdot g_2) \cdot x$ (或 $(x \cdot g_1) \cdot g_2 = x \cdot (g_1 \cdot g_2)$).

对于 $X$ 中给定的点 $x_0$, $G_{x_0} = \{g \in G; g \cdot x_0 = x_0(\text{或 } x_0 \cdot g = x_0)\}$ 称为 $x_0$ 的定点子群 (stability subgroup), 亦称为稳定子群 (isotropy subgroup). $X$ 中所有 $g \cdot x_0$ (或 $x_0 \cdot g$), $g \in G$ 所组成的子集叫做 $x_0$ 的轨道 (orbit), 以 $G(x_0)$ 记之. 若左 (或右) $G$ 空间 $X$ 中每一点的定点子群都是 (极小可能的) 单位子群 $\{e\}$, 则称之为自由 (free) 左 (或右) $G$ 空间 (这一点和代数中的 free module 相像).

设 $G$ 是一个紧李群, $\tilde{E}$ 是一个自由右 $G$ 空间. 令 $X = \tilde{E}/G$ 是由轨道所组成的商空间 (亦即 $(G, \tilde{E})$ 的轨道空间 (orbit space)), $\pi : \tilde{E} \to X$ 是把 $\tilde{E}$ 中的每一点投影到它的轨道. $\tilde{E} \xrightarrow{\pi} X$ 是纤维丛的一个重要实例, 它的纤维 (fibre) 是 $G$, 称之为 $G$ 丛 ($G$-bundles).

若 $\tilde{E} = X \times G$, 而且定义右 $G$ 作用 $\tilde{E} \times G \to \tilde{E}$ 为 $(x, g_1) \cdot g_2 = (x, g_1 \cdot g_2)$, 称之为卡积 $G$ 丛 (product $G$-bundle).

此处把 $G$ 限制为紧李群的原因是: 唯有 $G$ 是紧李群的情形, 才能使用 Gleason 引理保证上述 $\tilde{E} \xrightarrow{\pi} X$ 具有局部卡积结构 (local product structure), 即对于 $X$ 中任一点 $x_0$ 皆有其邻域 $U$, 使得 $\pi^{-1}(U) \cong U \times G$. 因为在纤维丛的结构中, 这种局部卡积结构是其必须要具有的.

**例 (C)**　设 $M$ 是一个可微流形 (differentiable manifold), $T_p M$ 是它在 $p$ 点的切空间 (tangent space at $p$). 令 $T(M) = \bigcup_{p \in M} T_p M$ 是 $M$ 的各点切空间的

无交并集 (disjoint union). $\pi : T(M) \to M, \pi^{-1}(p) = T_pM$, 它是微分拓扑和大域微分几何的研究中自然出现的纤维丛的重要实例. 称之为 $M$ 的切丛 (tangent bundle of $M$).

**例 (D)** 令 $\Phi_p(M)$ 是 $T_pM$ 的所有基底 (亦即标架) 所成的集合, $\Phi(M) = \bigcup_{p \in M} \Phi_p(M)$, 则

$$\Phi(M) \xrightarrow{\pi} M, \pi^{-1}(p) = \Phi_p(M)$$

是和上述 $M$ 的切丛密切相关的纤维丛, 称之为 $M$ 的标架丛 (frame bundle of $M$).

**例 (D′)** 在 $M$ 是黎曼流形时, 令 $\Phi_p^0(M)$ 是内积空间 $T_pM$ 中的所有正交基底 (orthonormal frame) 所成的集合, $\Phi^0(M) = \bigcup_{p \in M} \Phi_p^0(M)$, 则

$$\Phi^0(M) \xrightarrow{\pi} M, \pi^{-1}(p) = \Phi_p^0(M)$$

称之为 $M$ 的正交标架丛 (orthonormal frame bundle of $M$).

最后注意以下几点:

(1) 令 $Gl(n, \mathbb{R})$ 是所有行列式不为零的 $n$ 阶实系数方阵组成的乘法群, 它是一个 $n$ 维实向量空间 $V$ 的保构变换群 (亦即自同构群), 而且它在其基底组成的 $\Phi(V)$ 上的作用是单可递的 (simple-transitively), 即对于两个任给的标架, $Gl(n, \mathbb{R})$ 中具有唯一的一个元素, 将其中一个标架变换到另一个. 同样, 由 $n$ 阶正交矩阵所组成的 $O(n)$ 在一个内积空间 $V$ 中的正交标架 $\Phi^0(V)$ 上的作用也是单可递的.

(2) 在群 $G$ 是不可交换的情形, 左 $G$ 空间和右 $G$ 空间是不同的, 但是它们之间有下述自然的 (canonical) 对应. 设 $X$ 为左 $G$ 空间: $G \times X \to X, (g, x) \mapsto g \cdot x$, 则其相对应的右 $G$ 空间就是: $X \times G \to X, (x, g) \mapsto g^{-1} \cdot x$. 由此可见, $\Phi(V)$ (或 $\Phi^0(V)$) 也可以是 $Gl(n, \mathbb{R})$ (或 $O(n)$) 的单可递右 $G$ 空间.

(3) 在 $M^n$ 是 $n$ 维可微流形的情形, $\Phi(M)$ 是一个右 $Gl(n, \mathbb{R})$ 空间, 而且 $Gl(n, \mathbb{R})$ 在 $\Phi(M)$ 中的每一个纤维 $\Phi_p(M)$ 上的作用皆是单可递的. 同样, 在 $M^n$ 是 $n$ 维黎曼流形的情形, $\Phi^0(M)$ 乃是一个右 $O(n)$ 空间, 而且 $O(n)$ 在 $\Phi^0(M)$ 中的每一个纤维 $\Phi_p^0(M)$ 上的作用皆是单可递的. 鉴于 $O(n)$ 是一个紧李群, 所以 $\Phi^0(M) \to M$ 是例 (B) 中所述的 $G$ 丛的一个重要实例. 进一步考虑 $\Phi(M) \to M$ 的情形, 虽然 $Gl(n, \mathbb{R})$ 是非紧的李群 (因此不能用 Gleason 引理去保证其局部卡积结构), 但是 $\Phi(M) \to M$ 的局部卡积结构可以直接验证如下:

易见, 对于 $p_0 \in M$ 的一个局部坐标邻域 $U$ 和其局部坐标系 $(x_1, \cdots, x_n)$, $(\frac{\partial}{\partial x_1}(p), \cdots, \frac{\partial}{\partial x_n}(p)) \in \Phi_p(M)$ 是一个由 $U$ 到 $\pi^{-1}(U)$ 的横截, 所以 $\pi^{-1}(U) \cong U \times Gl(n, R)$.

### 纤维丛的基本概念与基础理论

**定义** 一个纤维丛结构包含下述组成部分: 一个总体空间 (total space) $E$, 一个基底空间 (base space) $X$, 一个结构群 $G$, 一个纤维 (fiber) $Y$ 且 $Y$ 是一个左 $G$ 空间和一个满足下述条件的投影

$$\pi : E \to X.$$

(1) 对任一点 $x \in X, \pi^{-1}(x) \cong Y$, 而且存在 $x$ 的邻域 $U$, 使得 $\pi^{-1}(U) \cong U \times Y$ (即具有局部的卡积结构);

(2) 两个局部卡积结构 $\varphi_U : U \times Y \xrightarrow{\cong} \pi^{-1}(U)$ 和 $\varphi_W : W \times Y \xrightarrow{\cong} \pi^{-1}(W)$ 在两者相交部分, $\pi^{-1}(U \bigcap W)$, 其差别是在其中每一纤维 $\pi^{-1}(x)(x \in U \bigcap W)$ 之上的一个 $G$ 中某一元素 $g_x$ 的变换. 亦即 $\varphi_U(x, y) = \varphi_W(x, g_x \cdot y), y \in Y, x \in U \bigcap W$.

骤看起来, 纤维丛这种结构的确是相当复杂的. 其实, 它是卡积空间 $X \times Y$ 这种结构的一种自然推广, 其要点在于依然保有局部卡积结构: $\varphi_U : U \times Y \xrightarrow{\cong} \pi^{-1}(U)$, 而且明确地要求两个局部卡积结构在其相交部分的转换总是取值于一个给定的 $G$ 作用. 由此可见, 纤维丛这种结构的主角乃是纤维 $Y$ 上的一个给定变换群 $G$ (亦即 $Y$ 的一种给定的对称群), 称之为它的结构群 (structural group). 概括地来说, 以某一个给定的左 $G$ 空间 $Y$ 为其纤维的纤维丛是卡积空间 $X \times Y$ 的一种有规律的推广, 它依然保有局部卡积结构, 而且在每一纤维上所作的扭动 (twisting) 都取值于 $Y$ 上的 $G$ 对称, 所以它是一种以 $G$ 的对称为许可的扭动 (admissible twist) 所构造而成的扭积 (twisted product).

若 $Y = G$, 而且 $G$ 在 $Y$ 上的作用就是 $Y(= G)$ 上的左平移, 即 $G \times G \to G$ 就是 $G$ 的乘法, 这种纤维丛叫做 $G$ 丛, 如前面例 (B)、例 (D) 和例 (D') 中介绍的都是这种 $G$ 丛的实例. 不难看到, 一个 $G$

丛的总体空间 $E$ 上, 可以自然地定义一个右 $G$ 作用, 它在每一个纤维上的作用就是 $Y(= G)$ 上的右平移. 所以 $G$ 丛就是那种具有局部卡积结构的自由右 $G$ 空间. 当 $G$ 是紧李群的情形, 由于有 Gleason 引理之助, 局部卡积结构性对于任何自由右 $G$ 空间都自然满足. 所以 $G$ 丛的构造和研讨是相当简朴的.

下面谈谈主丛与纤维丛的结构定理.

若 $G$ 表示的是纤维 $Y$ 上的一个变换群且其不同的元素表示 $Y$ 上不同的变换, 亦即 $G$ 中只有其单位元素 $e$ 是使得 $Y$ 上每点皆固定不动的单位变换, 则在变换群的术语中, 称 $G$ 在 $Y$ 上的作用是有效的 (effective), 在此特加注明.

对于给定的左 $G$ 空间 $Y$, 以它为纤维的纤维丛之中, 最简单的是 $E = Y$, $X = \{pt\}$ 的情况, 即 $Y \to \{pt\}$, 称之为单纤丛. 它的自同构群就是变换群 $G$. 从单纤丛 $Y \to \{pt\}$ 到一般纤维丛 $E \xrightarrow{\pi} X$ 的映射 $\tilde{b}$ 是一个丛映射 (bundle map) 的条件就是: $\tilde{b}$ 把 $Y$ 映射到 $E$ 中的一个纤维 $\pi^{-1}(x_0)$ 之上, 而且存在一个适当的 $g_0 \in G$ 使得 $(\varphi_U)^{-1}(\tilde{b}(y)) = (x_0, g_0 \cdot y), \forall y \in Y$.

**定义** 令 $\tilde{E}$ 是所有由单纤丛 $Y \to \{pt\}$ 到纤维丛 $E \xrightarrow{\pi} X$ 的丛映射所组成的空间. 因为 $G$ 中的元素 $g$ 皆为单纤丛的自同构, 所以 $\tilde{b} \circ g$ 也是 $\tilde{E}$ 中的元素, 亦即 $\tilde{E} \times G \to \tilde{E}, (\tilde{b}, g) \mapsto \tilde{b} \circ g$, 乃是 $\tilde{E}$ 上的右 $G$ 作用, 而且是具有局部卡积结构的自由右 $G$ 空间, 即 $\tilde{E}$ 乃自然有 $G$ 丛结构. 称之为 $E \xrightarrow{\pi} X$ 的 (相应)

主丛 (the associated principal bundle of $E \xrightarrow{\pi} X$).

由上述相应主丛 $\tilde{E}$ 的本质, 自然有下述主映射 $P : \tilde{E} \times Y \to E, (\tilde{b}, y) \mapsto \tilde{b}(y)$. 有鉴于 $\tilde{E}$ 是右 $G$ 空间而 $Y$ 则是左 $G$ 空间, $\tilde{E} \times Y$ 上相应右 $G$ 作用应该定义为: $(\tilde{b}, y) \cdot g = (\tilde{b} \cdot g, g^{-1} \cdot y)$. 容易验证, $\tilde{b}_1(y_1) = \tilde{b}_2(y_2)$ 的充要条件就是存在有 $g \in G$ 使得 $\tilde{b}_2 = \tilde{b}_1 \cdot g$ 和 $y_2 = g^{-1} \cdot y_1$, 所以上述主映射 $P$ 其实就是 $\tilde{E} \times Y$ 在上述右 $G$ 作用之下的轨道投影, 亦即 $E = (\tilde{E} \times Y)/G$. 再者, 由 $\tilde{E} \times Y$ 到 $\tilde{E}$ 的卡积投影显然是 $G$ 等变的 (G-equivariant). 所以还有下述可换图解, 即

$$
\begin{array}{ccc}
\tilde{E} \times Y & \xrightarrow{\ p_1\ } & \tilde{E} \\
\downarrow & & \downarrow \\
E = (\tilde{E} \times Y)/G & \xrightarrow{\ \pi\ } & \tilde{E}/G = X
\end{array}
\qquad (*)
$$

其中 $p_1$ 是卡积投影, 这样, 就可以由 $E \xrightarrow{\pi} X$ 的相应主丛 $\tilde{E}$ 自然构造而得出其本身 $E \xrightarrow{\pi} X$.

总结上面自然的构造, 即有下述简明的结构定理.

**纤维丛的结构定理** 由单纤丛 $Y \to \{pt\}$ 到一个给定的 $(G, Y)$ 纤维丛 $E \xrightarrow{\pi} X$ 的所有丛映射所组成的集合自然地构成一个 $G$ 丛 $\tilde{E} \to \tilde{E}/G = X$; 反之, 对于一个 $G$ 丛 $\tilde{E} \to \tilde{E}/G = X$ 和一个给定左 $G$ 空间 $Y$, 也可以自然地构造一个 $(G, Y)$ 纤维丛 $E \xrightarrow{\pi} X$, 它的相应主丛就是 $\tilde{E} \to \tilde{E}/G = X$.

上述结构定理不但明确了结构群 $G$ 在纤维丛这种结构中所扮演的主导角色, 而且把整个纤维丛

的理论归结到 $G$ 丛的理论, 它是简朴的自由右 $G$ 空间, 大大简化了纤维丛的研讨. 对于任给的左 $G$ 空间 $(G, Y)$, 一个 $(G, Y)$ 丛 $E \xrightarrow{\pi} X$ 可以直截了当地由其相应的 $G$ 主丛 $\tilde{E} \to \tilde{E}/G$ 构造之, 即图解 $(*)$ 所示者, 通常把 $(\tilde{E} \times Y)/G$ 记为 $\tilde{E} \times_G Y$.

**例** 设 $E \xrightarrow{\pi} X$ 是例 ( C ) 中所给的切丛 $T(M) \xrightarrow{\pi} M$, 则其相应的 $\tilde{E} \to X$ 就是例 (D) 中所给的 $\Phi(M) \to M$. 当 $M$ 是黎曼流形时, 其切丛的结构群就由原来的 $Gl(n, \mathbb{R})$ 缩小为其子群 $O(n)$. 因此, $T(M)$ 的相应主丛就是 $\Phi^0(M) \to M$.

有鉴于在任给流形 $M$ 上, 这种黎曼度量, $\mathrm{d}s^2$, 总是存在的, 所以切丛 $T(M) \to M$ 的结构群总是可以由 $Gl(n, \mathbb{R})$ 缩小为其子群 $O(n)$. 此事启示我们去探索纤维丛的结构群是否可以压缩的问题. 由前述结构定理可见, 一个纤维丛 $E \to X$ 的结构群是否可以由 $G$ 压缩到它的某一个子群 $H$ 可以完全归结到它的相应的 $G$ 主丛来研讨之.

压缩和扩大是相对的, 设 $H$ 是 $G$ 的一个闭子群, $\tilde{E}_1$ 是一个 $H$ 丛, 则 $\tilde{E}_1 \times_H G$ 是一个 $G$ 丛, 它是 $\tilde{E}_1$ 把 $H$ 扩大为 $G$ 之所得, 而 $\tilde{E}_2 = \tilde{E}_1 \times_H G \supseteq \tilde{E}_1 \times_H H = \tilde{E}_1$, 即 $\tilde{E}_1$ 为其子集. 反之, 若一个 $G$ 丛 $\tilde{E}_2$ 包含一个 $H$ 丛 $\tilde{E}_1$ 为其子集, 而且 $\tilde{E}_1 \bigcap \pi_2^{-1}(x) = \pi_1^{-1}(x)$ 对于所有 $x \in X$ 皆成立, 则有 $\tilde{E}_2 = \tilde{E}_1 \times_H G$, 亦即 $G$ 丛可以把 $G$ 压缩到 $H$.

**压缩定理 (reduction theorem)** 一个 $G$ 丛 $\tilde{E} \xrightarrow{\pi} X$ 可以压缩为一个 $H$ 丛的充要条件是它的相应 $(G, G/H)$ 丛, 即 $E = \tilde{E} \times_G G/H \to X$, 具有一

个横截.

**证明** 易见 $\tilde{E} \times_G (G/H) = \tilde{E}/H$.

若 $\tilde{E} \supseteq \tilde{E}_1$, 则 $\tilde{E}/H \supseteq \tilde{E}_1/H \cong X$, 即

$$E = \tilde{E} \times_G G/H = \tilde{E}/H \supseteq \tilde{E}_1/H$$

$$\downarrow \qquad\qquad\qquad \downarrow \cong$$

$$X \xleftarrow{\quad = \quad} X$$

就是一个现成的横截.

反之, 若 $E = \tilde{E}/H \to X$ 具有一个横截 $s : X \to E$, 则 $p^{-1}(s(X)) \subset \tilde{E}(p : \tilde{E} \to \tilde{E}/H = E)$ 就是一个现成的子 $H$ 丛 $\tilde{E}_1$.

上述定理是十分简单的, 它其实只是把压缩概念用 $\tilde{E}$ 的相应 $G/H$ 丛的横截加以重新表达. 但是把这种表达方式和一个深刻的李群论中的定理相结合, 就可以大幅简化纤维丛的研讨.

在线性代数中有一个熟知易证的事实, 即 $Gl(n, \mathbb{C})$ 中的任给元素皆可唯一地表成一个正定 Hermite 矩阵和一个酉矩阵的乘积. 在 $n = 1$ 的起始情形, 它就是一个非零复数 $z = |z|\mathrm{e}^{\mathrm{i}\theta}$ 这种极坐标分解. 同样的, $Gl(n, \mathbb{R})$ 中的任给元素皆可唯一地表成一个正定对称矩阵和一个正交矩阵的乘积. 从李群论的观点来看 $U(n)$ (或 $O(n)$) 是 $Gl(n, \mathbb{C})$ (或 $Gl(n, \mathbb{R})$) 的一个极大紧子群, 而上述事实则说明 $Gl(n, \mathbb{C})/U(n)$ (或 $Gl(n, \mathbb{R})/O(n)$) 分别和正定 Hermite (或对称) 矩阵所成的空间同胚, 而下述李群论中的 Cartan 定理就是上述事实的自然推广.

**Cartan 定理** 设 $G$ 是一个有限连通区的李群, 则 $G$ 中的极大紧子李群皆互相共轭, 而且齐性流形

$G/K$ 和一个高维欧氏空间可微同胚 (diffeomorphic).

把压缩定理和上述 Cartan 定理相结合就不难推导出下述重要的推论.

**推论** 设 $G$ 是一个有限连通区的李群, 则任给以 $G$ 为其结构群的纤维丛, 皆可将其结构群压缩到 $G$ 中的一个极大紧子李群 $K$.

有鉴于上述重要推论, 我们将在往后对于纤维丛的研讨中, 总是设其结构群 $G$ 本身就是一个紧李群而不再声明.

**诱导丛和分类定理 (Induced Bundles and Classification Theorem)** 设 $\tilde{E}$ 是一个 $G$ 丛, $f: Z \to X = \tilde{E}/G$ 是一个连续映射. 易见 $Z \times \tilde{E}$ 具有显然的 $G$ 丛结构, 即其右 $G$ 作用是 $(z, \tilde{b}) \cdot g = (z, \tilde{b} \cdot g)$, 它的轨道空间 (orbit space) 就是 $Z \times X$. 令 $\Gamma(f) = \{(z, f(z); z \in Z)\}$ 是 $f$ 的图像, $\tilde{E}_1 = \pi^{-1}(\Gamma(f))$, 则 $\tilde{E}_1$ 就是一个 $\Gamma(f) \cong Z$ 上的 $G$ 丛, 而且有下述可换图解:

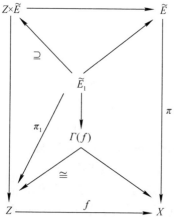

**定义** 上述 $G$ 丛: $\tilde{E}_1 \xrightarrow{\pi_1} Z$ 叫做 $f : Z \to X$ 的诱导丛 (induced bundle of $f : Z \to X$). 通常以 $f^!(\tilde{E} \to X)$ 记之.

在古典曲面论中的高斯映射和现代的 Whitney 嵌入定理, 即任给 $n$ 维流形都可以嵌入到 $\mathbb{R}^{2n+1}$ 之中, 启示着 $T(M) \to M$ 都是某一特定的纤维丛的诱导丛. 对此更深入的推广就是下述分类定理.

**分类定理** 设 $G$ 是一个紧李群, 则

(1) 存在一个 $G$ 丛 $E_G \to B_G$, $E_G$ 是弱可收缩的 (weakly contractible), 即其中任给有限维子集皆可收缩到一点.

(2) 任给有限复形 (finite complex) $X$ 上的 $G$ 丛皆可由适当的 $f : X \to B_G$ 诱导而得, 即为 $f^!(E_G \to B_G)$, 而且 $f_1^!(E_G \to B_G) \cong f_2^!(E_G \to B_G)$ 的充要条件是 $f_1$ 和 $f_2$ 同伦.

我们应注意到, 上述 $G$ 丛 $E_G \to B_G$ 可以说是最为复杂的 $G$ 丛, 它本质上包含所有有限复形上的各种可能的 $G$ 丛为其子 $G$ 丛, 称之为万有 $G$ 丛 (universal $G$-bundle). 耐人寻味的是, 这种万有 $G$ 丛的特征性质是它的总体空间的 (total space) 的拓扑最简性 (亦即和点空间弱同伦 (weakly homotopic)).

此外, 万有 $G$ 丛的基空间 $B_G$ 叫做 $G$ 的分类空间 (classifying space of $G$), 一个给定的有限复形 $X$ 上的所有可能的 $G$ 丛等价类与 $X$ 到 $B_G$ 的映射的同伦类一一对应. 这样, 就把 $X$ 上的 $G$ 丛的分类归结到一种代数拓扑的典型问题, 即由 $X$ 到 $B_G$ 的同伦类的问题.

### 纤维丛的示性类理论

由上述分类定理, 一个给定基空间 $X$ 上的 $G$ 丛的分类可以完全归结到由 $X$ 到 $B_G$ 的同伦类的讨论, 这乃是代数拓扑学的范畴. 在代数拓扑中, 有各种各样的同伦不变量 (homotopic invariant) 可供采用, 例如同调论, 上同调论等. 究竟哪一种同伦不变量对于上述同伦问题来说是既能有效计算又具有针对性呢? 经过探索、试用和分析发现上同调理论乃是研讨上述同伦问题最为对口而且有效的工具. 这也就是本小节所要作简要介绍的示性类理论.

分类定理中的 $B_G$ 并非是唯一存在的. 但是两个这样的分类空间 $B_G$ 和 $B'_G$ 的上同调是等同的环, 因为它们是弱同伦等同的. 对于由 $X$ 到 $B_G$ 的两个同伦的映象 $f_1, f_2$, 它们所诱导的上同调同态 $f_1^*, f_2^* : H^*(B_G) \to H^*(X)$ 是等同的, 所以同态 $f^*$ 乃是 $f^!(E_G \to B_G)$ 的等价类的不变量.

由此可见, 假如 $H^*(B_G)$ 是一种特别简单的环, 例如是一个多项式环, 则环同态 $f^*$ 就可以用其生成元的 $f^*$ 加以描述, 它们是 $H^*(X)$ 中的某些元素. 所以我们的首要任务就是要研究 $B_G$ 的上同调 $H^*(B_G)$, 例如 $H^*(B_G; \mathbb{R})$.

设 $G$ 是一个紧李群, $G^0$ 是它的单位连通分支. 易见 $B_{G^0} \xrightarrow{\pi} B_G$ 是一个以有限群 $G/G^0$ 为其纤维的 $G/G^0$ 丛. 由此不难证明

$$\pi^* : H^*(B_G; \mathbb{R}) \to H^*(B_{G^0}; \mathbb{R})$$

是一个嵌入, 即

$$H^*(B_G; \mathbb{R}) \cong H^*(B_{G^0}; \mathbb{R})^{G/G^0},$$

即在 $G/G^0$ 的作用下保持不变的元素所成的子环. 总之, 计算 $H^*(B_G; \mathbb{R})$ 的主要任务在于计算 $H^*(B_{G^0}; \mathbb{R})$.

当 $G$ 本身就是连通紧李群时, Cartan 的极大子环群定理是极其重要的基本定理. 令 $T$ 是 $G$ 的一个极大子环群, $N(T)$ 是它在 $G$ 中的正规化子 (normalizer), $W = N(T)/T$ 是 $G$ 的 Weyl 群. 则有

$$B_T = E_G/T, B_{N(T)} = E_G/N(T), B_G = E_G/G$$

$B_T \to B_{N(T)}$ 是一个 $W$ 丛, 而 $B_{N(T)} \to B_G$ 是一个 $(G, G/N(T))$ 丛. 由此可见 $H^*(B_{N(T)}; \mathbb{R}) \cong H^*(B_T; \mathbb{R})^W$. 但是 $H^*(B_G; \mathbb{R}) \to H^*(B_{N(T)}; \mathbb{R})$ 究竟如何, 则要先行研究 $H^*(B_{G/N(T)}; \mathbb{R})$ 才能进而分析 $H^*(B_G; \mathbb{R}) \to H^*(B_{N(T)}; \mathbb{R})$.

用 Morse 定理或用 Bruhat 分解不难证明 $G/T$ 具有自然、精简的胞腔分解, 所有胞腔都是偶数维的. 因此 $H^*(G/T; \mathbb{R})$ 的非零元素都是偶数维的, 由此易证下述令人惊喜的结果, 即

**定理 1** $H^*(G/N(T); \mathbb{R}) \cong H^*(pt; \mathbb{R})$, 即

$$H^0(G/N(T); \mathbb{R}) \cong \mathbb{R}$$

是唯一非零的 $H^i(G/N(T); \mathbb{R})$.

**证明** 由 $W$ 丛: $G/T \to G/N(T)$ 可知 $\chi(G/T)$ $= |W|\chi(G/N(T))$, 其中 $\chi(\cdot)$ 是 Euler 示性数. 再者,

易见 $T$ 在 $G/T$ 上的作用之定点子集就是 $\dfrac{N(T)}{T} \subset$
$\dfrac{G}{T}$，所以 $\chi(G/T) = \chi(\dfrac{N(T)}{T}) = |W|$，因此，$\chi(G/N(T)) = 1$. 又 $H^*(G/N(T);\mathbb{R}) \cong H^*(G/T;\mathbb{R})^W$，而 $H^*(G/T;\mathbb{R})$ 的非零元素皆为偶数维，所以 $H^*(G/N(T),\mathbb{R})$ 的非零元素也皆为偶数维. 但是

$$\chi(G/N(T))$$
$$\overset{\text{def}}{=} \dim H^{even}(G/N(T);\mathbb{R}) - \dim H^{odd}(G/N(T);\mathbb{R})$$
$$= \dim H^{even}(G/N(T);\mathbb{R}) = 1.$$

所以唯一的可能就是 $H^0(G/N(T);\mathbb{R}) \cong \mathbb{R}$，而 $i > 0$ 的 $H^i(G/N(T);\mathbb{R})$ 皆为 0.

**定理 2**  $H^*(B_G;\mathbb{R}) \cong H^*(B_{N(T)};\mathbb{R}) \cong H^*(B_T;\mathbb{R})^W$，即 $H^*(B_T;\mathbb{R})$ 之中所有 $W$ 不变的元素所组成的子环.

**证明**  由 $H^*(G/N(T);\mathbb{R}) \cong H^*(pt;\mathbb{R})$ 和 $G/N(T) \to B_{N(T)} \to B_G$ 可直接推得.

**定理 3**  令 $n = \dim T = \text{rank}(G)$，则

$$H^*(B_T;\mathbb{R}) \cong \mathbb{R}[t_1, \cdots, t_n], \deg t_i = 2.$$

而 $W$ 在 $H^2(B_T;\mathbb{R})$ 上的作用是一个反射生成群 (group generated by reflections). 因此，由 Chevalley 定理可知 $H^*(B_G;\mathbb{R}) \cong H^*(B_T;\mathbb{R})^W$ 也是一个实系数的 $n$ 元多项式环.

**证明**  在 $\dim T = 1$ 的情形，$B_T = B_{S^1} = \mathbb{C}P^\infty$，所以 $H^*(B_{S^1};\mathbb{R}) \cong \mathbb{R}[t], \deg t = 2$，由此易证 $H^*(B_T;$

$\mathbb{R}) \cong \mathbb{R}[t_1, \cdots, t_n], \deg t_i = 2$, 因为 $B_T = \mathbb{C}P^\infty \times \mathbb{C}P^\infty \times \cdots \times \mathbb{C}P^\infty$ ($n$ 个 $\mathbb{C}P^\infty$ 之卡积). 再者, 我们还可以把 $H^2(B_T; \mathbb{R})$ 和 $T$ 的李代数 $\mathfrak{h}$ 等同起来, 使得 $W$ 在 $H^2(B_T; \mathbb{R})$ 上的作用就是 $W$ 在 $\mathfrak{h}$ 上的作用. 所以 $(W, H^2(B_T; \mathbb{R}))$ 是一个反射生成群.

**例 1** 当 $G = U(n)$ 时, $H^*(B_T; \mathbb{R}) \cong \mathbb{R}[t_1, \cdots, t_n]$, 而 $W$ 在 $H^2(B_T; \mathbb{R})$ 的作用是 $\{t_i\}$ 的置换群 (permutation group). 因此

$$H^*(B_{U(n)}; \mathbb{R}) \cong \mathbb{R}[c_1^*, \cdots, c_n^*],$$

其中 $c_k^*$ 就是 $\{t_i\}$ 的第 $k$ 个基本对称多项式, 称之为第 $k$ 个万有 Chern 类 (the $k$-th universal Chern class).

由此可见, $X \xrightarrow{f} B_{U(n)}$ 的 $f^*: H^*(B_{U(n)}; \mathbb{R}) \to H^*(X; \mathbb{R})$ 被 $f^*(c_k^*), k = 1, \cdots, n$ 所唯一决定, $f^*(c_k^*) = c_k$ 就是 $U(n)$ 丛 $f^!(E_{U(n)} \to B_{U(n)})$ 的第 $k$ 个 Chern 类 (the $k$-th Chern class).

**例 2** 当 $G = SO(2n+1)$ 时, $H^*(B_T; \mathbb{R}) \cong \mathbb{R}[t_1, \cdots, t_n]$, 而 $W$ 在 $H^2(B_T; \mathbb{R})$ 上的作用是把 $t_i$ 个别变号和置换之组合. 所以 $H^*(B_{SO(2n+1)}; \mathbb{R}) \cong \mathbb{R}[p_1^*, \cdots, p_n^*]$, 其中 $p_k^*$ 是 $\{t_i^2\}$ 的第 $k$ 个基本对称多项式, 称之为第 $k$ 个万有 Pontrjagin 类 (the $k$-th universal Pontrjagin class), 而 $f^*(p_k^*) = p_k$ 则称之为 $SO(2n+1)$ 丛 $f^!(E_{SO(2n+1)} \to B_{SO(2n+1)})$ 的第 $k$ 个 Pontrjagin 类 (the $k$-th Pontrjagin class).

**例 3** 当 $G = SO(2n)$ 时, $H^*(B_T; \mathbb{R}) \cong \mathbb{R}[t_1, \cdots, t_n]$, 而 $W$ 在 $H^2(B_T; \mathbb{R})$ 上的作用则是把

偶数个 $t_i$ 个别变号和置换之组合. 所以

$$H^*(B_{SO(2n)}; \mathbb{R}) \cong \mathbb{R}[p_1^*, \cdots, p_{n-1}^*, \chi^*],$$

其中 $p_k^*, 1 \leqslant k \leqslant n-1$ 和例 2 中的相同, 而 $\chi^* = \prod_{i=1}^{n} t_i$ 是万有 Euler 类 (universal Euler class).

**例 4** 当 $G = O(n)$ 时, $H^*(B_{O(n)}; \mathbb{Z}_2) \cong H^*(B_{\mathbb{Z}_2^n}; \mathbb{Z}_2)^{\tilde{W}} \cong \mathbb{Z}_2[t_1, \cdots, t_n]^{\tilde{W}}$, $\deg t_i = 1$, 而 $\tilde{W} = N(\mathbb{Z}_2^n)/\mathbb{Z}_2^n$ 在 $H^1(B_{\mathbb{Z}_2^n}; \mathbb{Z}_2)$ 上的作用是 $\{t_i\}$ 的置换群. 所以有 $H^*(B_{O(n)}; \mathbb{Z}_2) \cong \mathbb{Z}_2[w_1^*, \cdots, w_n^*]$, 其中 $w_k^*$ 是 $\{t_i\}$ 的第 $k$ 个基本对称多项式, 称之为第 $k$ 个万有 Stiefel-Whitney 类 (the $k$-th universal Stiefel-Whitney class), 而 $f^*(w_k^*) \in H^k(X; \mathbb{Z}_2)$ 则称之为 $O(n)$ 丛 $f^!(E_{O(n)} \to B_{O(n)})$ 的第 $k$ 个 Stiefel-Whitney 类 (the $k$-th Stiefel-Whitney class).

历史上, 是先有 Stiefel-Whitney 类, 再有 Pontrjagin 类, 然后再有 Chern 类. 而且上述统一处理的方式也是和当年始创的处理方式有所不同. 当年的基本思想是以实或复的向量丛的观点展开的, 而上述统一处理的基本思想则是以紧致李群的 $G$- 丛的观点推进的. 前者多用几何思想, 而后者则多用李群论, 特别是极大子环群定理. 接着要讨论的分裂原理 (splitting principle) 则是两种观点的自然交汇点.

在前述对于纤维丛的讨论中, 为了力求精简统合, 我们总是用结构定理把所有以 $(G, Y)$ 为纤维的纤维丛皆归于它们的 $G$ 主丛来研究. 但在各种各样的纤维丛之中, 以实 (或复) 向量丛 (vector bundles) 最为简朴常用, 亦即其纤维是 $(G, \mathbb{R}^n)$ (或 $(G, \mathbb{C}^n)$), 而且 $G$ 在 $\mathbb{R}^n$ 或 $\mathbb{C}^n$ 上的变换是线性变换. 换言之, $(G, \mathbb{R}^n)$ (或 $(G, \mathbb{C}^n)$) 是 $G$ 的一个实线性表示或复线性表示. 可以说向量丛就是 $G$ 丛和 $G$ 的线性表示的自然结合, 而且它们在诸多重要的应用中, 经常自然出现. 对于它们的研究, 前述对于 $G$ 丛的基础理论和紧李群的线性表示论则又是一种顺理成章的自然配合.

在李群的表示论中, 紧李群的表示论要比非紧李群的表示论简单很多. 由此可见前述结构群压缩定理的重要性, 它使得在向量丛的研究中, 只需要用到简单许多的紧李群表示论. 另外, 复表示论要比实表示论简单, 而且通常实表示论也是通过它们的复化来研究的. 由此可见, 在示性类的研究和计算中, 对于复向量丛的 Chern 类总是比较简单易用, 而且对于实向量丛的 Pontrjagin 类也可以通过其复化的 Chern 类来加以研究. 这也就是为什么 Chern 类大有后来居上之势的原因.

**分裂原理 (splitting principle)** 设 $\tilde{E} \to \tilde{E}/G = X$ 是一个给定的 $G$ 丛, $G$ 是一个连通紧李群, $T$ 是 $G$ 的一个极大子环群, $\varphi$ 是 $G$ 的一个复表示 (亦即 $(G, \mathbb{C}^n)$ 是一个复线性 $G$ 空间); $c_k (1 \leqslant k \leqslant n)$ 是复向量丛 $E = \tilde{E} \times_G \mathbb{C}^n \to X$ 的 Chern 类. 令 $\Omega(\varphi) = \{w, m_w\}$ 是 $\varphi$ 的权系 (the weight system of $\varphi$), 而 $p : \tilde{E}/T \to X = \tilde{E}/G$ 是其相应的 $G/T$ 丛, 则 $p^* : H^*(X; \mathbb{R}) \to H^*(\tilde{E}/T; \mathbb{R})$ 是一个嵌入 (1-1 into),

而且 $p^*(1 + c_1 + \cdots + c_n) = \prod(1 + w^*)^{m_w}$，其中 $w^*$ 是 $T$ 丛 $\{\tilde{E}/T \to X\}$ 相应于一维复表示 $T \overset{w}{\to} U(1)$ 的 $\mathbb{C}_1$-bundle 的第一个 Chern 类.

**证明** 由 $\tilde{E}/T \overset{p_1}{\to} \tilde{E}/N(T) \overset{p_2}{\to} \tilde{E}/G = X, p = p_2 \circ p_1$ 得 $p_2^* : H^*(X;\mathbb{R}) \overset{\cong}{\to} H^*(\tilde{E}/N(T);\mathbb{R})$，而 $p_1^* : H^*(\tilde{E}/N(T);\mathbb{R}) \overset{\cong}{\to} H^*(\tilde{E}/T;\mathbb{R})^W \subseteq H^*(\tilde{E}/T;\mathbb{R})$，即 $p^* : H^*(X;\mathbb{R}) \overset{\cong}{\to} H^*(\tilde{E}/T;\mathbb{R})^W \subseteq H^*(\tilde{E}/T;\mathbb{R})$.

由所设有下述可换图解:

$$
\begin{array}{ccccc}
\tilde{E}/T & \overset{\tilde{f}}{\longrightarrow} & B_T & \overset{\tilde{\varphi}}{\longrightarrow} & B_{T^n} \\
p \downarrow & & \downarrow & & \downarrow \pi \\
X & \overset{f}{\longrightarrow} & B_G & \overset{\hat{\varphi}}{\longrightarrow} & B_{U(n)}
\end{array}
$$

而且由 Chern 类的定义可见

$$
\begin{aligned}
& p^*(1 + c_1 + \cdots + c_n) \\
=& p^* \circ f^* \circ \hat{\varphi}^*(1 + c_1^* + \cdots + c_n^*) \\
=& \tilde{f}^* \circ \tilde{\varphi}^* \circ \pi^*(1 + c_1^* + \cdots + c_n^*) \\
=& \tilde{f}^* \circ \tilde{\varphi}^* \{\prod_{i=1}^{n}(1 + t_i)\} = \prod(1 + w^*)^{m_w}
\end{aligned}
$$

# 大域几何与近代物理的相互关联

陈省身先生和杨振宁先生在他们各自论述数学和物理之间联系的文章里，分别用下述图解加以概括描述:

(陈图解)　　　　　　(杨图解)

在刚揭幕的范曾先生的大作中,我相信画中陈先生和杨先生正在热切交谈的话题肯定就是数学和物理之间的关系. 我觉得他们两位的概述其实是各有其理. 陈先生的图解所表达的是: 物理和数学在各自的发展中,各有各的观点、思路和途径,但是却经常会自然而然的有重要的交汇点;而杨先生的图解所表达的是: 数学与物理在基础和素材上的同根同源. 假如对陈先生的图解中这些重要的交汇点逐一加以分析,就会发现它们基本上都在于几何,而且每次在两者的交汇点上,就自然而然地相辅相成、相得益彰、大放异彩. 在此限于篇幅,仅仅简约地列述一二:

(1) 希腊几何学家们热衷研究的圆锥曲线,在一千多年后的 Kepler 行星运动三定律中,竟然就是地球和所有绕太阳运行的天体的轨道. 圆锥截线不仅仅是几何学家的爱好,它其实也是大自然的骄傲. 由此还直接引导牛顿发现万有引力定律,革新了天文学,开创了古典力学. 他的旷世巨著 "自然哲学的数学原理" 是几何分析 (geometric analysis) 的精辟之作.

(2) 几何光学中的 Fermat 极小时间原理和由它启发得到的古典力学中的 Lagrange (或 Hamilton)

最小作用原理其本质是几何中测地线的自然推广. 这促使 Jacobi 认识到 "动能" 的本质是位空间 (configuration space) 上的度量结构 (现今通称为黎曼度量), 并且把 Lagrange 最小作用原理彻底地几何化成地地道道的测地线, 把古典力学的研究归结到某种给定的黎曼空间中的测地线的大域几何, 现今称之为 "Morse theory of geodesics". 在 20 世纪的黎曼几何学中很多重要的结果都是用它而得到的, 但是古典力学本身, 此时却是一部仍需努力的 (几何与物理的) 未完成的合奏曲 (具有基本重要性的天体力学中的三体问题, 理所当然就应该是上述还有待谱写的合奏曲中引人入胜、发人深思的第一乐章).

(3) 我们在前一章所讨论的 "从勾股弦到狭义相对论", 从极为简单的勾股定理到高维勾股定理, 到格氏代数和多元积分基础理论, 再到电磁学的 Maxwell 理论, 以至于 Einstein 的狭义相对论, 这一路走来, 几何与物理不断地在交互影响, 携手并进, 返璞归真, 拓展精深, 这是何等瑰丽壮阔、扣人心弦的几何与物理的两重奏. 它是前后历经两千多年的史诗, 这又是何等引人入胜、精益求精的世代相承与继往开来!

(4) 在 20 世纪中, 大域几何与近代物理的研究不约而同、不谋而合地都认识到纤维丛的基本重要性. 例如 Chern 类和 Dirac 的单极 (monopole), 微分几何中的连络和曲率(connection and curvature), 物理学中的规范场 (gauge field) 及 Yang-Mills 理论, 量子力学中的 Berry 相 (phase) 等等都植根于纤维丛. 我猜想杨先生的图解中的交汇点之一, 也许就是纤维丛吧.

谨以此讲和大家一起纪念陈先生辉煌的几何人生, 我想陈先生所最乐见者, 是中国的年轻一代中能够蓬勃涌现许多辉煌的几何人生. 本讲也就以这个祝愿作为结语, 谢谢大家的耐心!

# 参 考 文 献

[1] Bott.The stable homotopy of the classical groups. Ann. Math, 1959, 70: 313-337.

[2] Bott and Samelson. Applications of the theory of Morse to symmetric spaces. Amer. J. Math, 1958, 80: 964-1029.

[3] Chandrasekhar S. Newton's principia for the common reader. Oxford: Clarendon Press, 1995.

[4] Kline M. Mathematical thought from ancient to modern times. Oxford: Oxford University Press, 1972.

[5] Maxwell. Treatise on electricity and magnetism. [S. l.] [s. n.], 1873.

[6] Maxwell. Matter and motion. [S. l.] [s. n.], 1920.

[7] J. Milnor. Morse theory. Annals of mathematics studies. Princeton: Princeton University Press, 1963.

[8] Kepler J. Mysterium cosmographicum (宇宙的奥秘) [S. l.] [s. n.], 1596.

[9] Kepler J. Astronomia nova (新天文学). [S. l.] [s. n.], 1609.

[10] Kepler J. Harmonices mundi (世界的和谐). [S. l.] [s. n.], 1619.

[11] 项武义. 基础几何学. 北京: 人民教育出版社, 2004.

[12] 项武义. 基础分析学之一. 北京: 人民教育出版社, 2004.

[13] 项武义. 基础分析学之二. 北京: 人民教育出版社, 2004.

[14] Newton. 自然哲学之数学原理(原文是拉丁文). [S. l.] [s. n.], 1687.

[15] Steenrod. The topology of fibre bundles. Princeton: Princeton University Press, 1951.

## 郑重声明

高等教育出版社依法对本书享有专有出版权。任何未经许可的复制、销售行为均违反《中华人民共和国著作权法》，其行为人将承担相应的民事责任和行政责任；构成犯罪的，将被依法追究刑事责任。为了维护市场秩序，保护读者的合法权益，避免读者误用盗版书造成不良后果，我社将配合行政执法部门和司法机关对违法犯罪的单位和个人进行严厉打击。社会各界人士如发现上述侵权行为，希望及时举报，我社将奖励举报有功人员。

反盗版举报电话　　（010）58581999　58582371

反盗版举报邮箱　dd@hep.com.cn

通信地址　北京市西城区德外大街4号
　　　　　高等教育出版社法律事务部

邮政编码　100120

**读者意见反馈**

为收集对教材的意见建议，进一步完善教材编写并做好服务工作，读者可将对本教材的意见建议通过如下渠道反馈至我社。

咨询电话　400-810-0598

反馈邮箱　hepsci@pub.hep.cn

通信地址　北京市朝阳区惠新东街4号富盛大厦1座
　　　　　高等教育出版社理科事业部

邮政编码　100029